SNOW 诗诺怀特 ○著 WHITE

我上班，我存到100万

白雪公主理财记

重庆出版集团 重庆出版社

图书在版编目(CIP)数据

我上班,我存到100万:白雪公主理财记/诗诺怀特著.
—重庆:重庆出版社,2011.5
ISBN 978-7-229-03378-1

Ⅰ.①我… Ⅱ.①诗… Ⅲ.①财务管理–通俗读物 Ⅳ.①TS976.15-49

中国版本图书馆CIP数据核字(2010)第236152号

本书简体中文版由台湾早安财经文化有限公司授权重庆出版社出版,非经书面同意,不得以任何形式任意重制、转载。

版贸核渝字(2010)第043号

我上班,我存到100万:
白雪公主理财记
WO SHANGBAN , WO CUNDAO 100WAN:
BAIXUE GONGZHU LICAI JI

诗诺怀特 著

出 版 人:罗小卫
责任编辑:钟丽娟
装帧设计:木子花 傅婉琪

重庆出版集团
重庆出版社 出版

重庆长江二路205号 邮政编码:400016 http://www.cqph.com
重庆出版集团艺术设计有限公司制版
自贡新华印刷厂印刷
重庆出版集团图书发行有限公司发行
E-MAIL:fxchu@cqph.com 邮购电话:023-68809552
全国新华书店经销

开本:890 mm×1 240mm 1/32 印张:5 字数:111千
2011年5月第1版 2011年5月第1次印刷
ISBN 978-7-229-03378-1
定价:24.80元

如有印装质量问题,请向本集团图书发行有限公司调换:023-68706683

版权所有 侵权必究

推荐序

轻松可爱，
化繁为简的投资理财故事书

玉山银行经理　林晋辉

诗诺怀特是我的同事，学的是艺术，到银行上班之后对投资理财产生极大兴趣，而将艺术特质与理财方法相结合，似乎是一种很抽象的意念，但如果了解诗诺怀特能于十五分钟内侃侃而谈地介绍说明弗洛伊德厚达 672 页的著作——《梦的解析》，就能理解与佩服她那既广泛又深度地探索知识，然后化繁为简地掌握关键的功力。而这本书正是靠她探索知识与实务所闻累积而成的珍贵心得，内容深入浅出，丰富有趣，相当引人入胜。例如：

会存钱的人厉害，会花钱的人更是高手……让人学到"花对钱、存到钱"。

养成理财记账的习惯，并持续二十一天以上……让人就可以像照镜子般观察检讨自己的金钱行为动向。

书中以漫画来表现投资理财的趣味，不同于坊间各类大师级的理财书籍，反倒更贴近人心，适合初接触理财的梦幻少女，而投资老手也可在轻松阅读中返璞归真，咀嚼出原本已视为理所当然的基本原理，沉淀之后反而现出另一道彩虹。

投资理财其实很费心，光是弄懂专业术语经常就令人一个头两个大，而本书最可贵的是，没有艰涩的专业术语，只有可爱漫画，诙谐旁白与一段段的故事，阅读完时却已练就基本的投资理财心法。

认识诗诺怀特时，她刚从德国自助旅行归来，如今此书付梓时，她又已于芬兰、俄罗斯进行另一次的深度自助行。不知她未来是否会出版旅游札记,但可肯定的是,她正一步一步地完成诗诺怀特的梦想,成为一个独立自主,有理财头脑的漂亮公主。也衷心期盼所有正在阅读本书的公主们能带着属于自己的蘑菇人,一起去追逐希望,实现梦想。

前言
我做到了，你也能成功！

这本书，是我的"上班存钱"笔记。我做到了，看完你也能做到。

这本笔记的主人翁，我给她取了个名字，叫做"诗诺怀特"，英文也可以念做 Snow White 啦。

诗诺怀特是我自己的写照，也是众多上班族女性的化身。在学习投资理财的过程中，诗诺怀特所遇到的问题，应该也是很多女性 OL 会遇到的问题。

诗诺怀特出生在小康家庭，受到爸爸妈妈还有长辈们的宠爱，像小公主般地长大。求学的过程中永远不必烦恼钱的问题，上了大学，拿着爸妈给的生活费，三不五时和同学跑去唱 KTV，逛街买衣服，找机会吃大餐，等到没钱吃饭的时候，打通电话爸妈就汇钱过来。

虽然，也有打工收入和奖学金，但是一毛钱都没存下来过，有了钱就去日本玩或是买东买西。对于学艺术的诗诺怀特来说，当初是认为谈钱太俗气了，一直到了二十八岁，诗诺怀特的存款还是零。

后来，存款从零开始的诗诺怀特，带着简单的行李，到了台北工作。快三十岁那年，存款已经要破百万（新台币）。

因为，在这一年多的时间里，诗诺怀特改变了很多，不论在用钱的观念及习惯上，都和过去不可同日而语，再也不会说"钱"不重要，重新审视自己的价值观。从一个追求时尚的女大学生转变为勤俭实在的 OL，这其中最大的转折原因，就是"观念"的改变。观念上的改变，带动了"行为"的改变，也让诗诺怀特的人生观有了大大的改变。想法改变的关键，是因为诗诺怀特看到了"事实"：周围开始有人累积了很多财富，过着从容而自在的生活；有的人却因为错误的决策，瞬间如跌入地狱般水深火热，被债务追着跑。

诗诺怀特开始深思自己的未来。像大多数年轻人一样，没有显赫的背景，也没有祖产，一切都要靠自己打拼，但我跟自己约定，要努力存下第一桶金。相信就像长辈们说的，只要先存到第一桶金，第二桶、第三桶……接下来就容易多了。

现在我存到钱了，我可以告诉你：存钱并不是死守着存折，而要同时学习投资和资产配置的方法。诗诺怀特的钱会花在股票上，但不会花在吃大餐和去百货公司血拼；我的投资本金大约十万到二十万元（新台币），每次进出股票，约有10%的报酬率，一年下来，也有万元以上的额外收入，不无小补。即使亏损，也不会影响到我正常的生活，是一种存钱的好工具。不过，投资规模大小，还是要看个人的经济能力，我想，如果我的财产规模到了上千万，投资的方式与心态，一定和现在不同。

话说回来，虽然说投资是让钱滚钱的方法之一，但我发现，"认真工作"终究才是该有的心态和基本的生财之道。白天上班专心工作，下班后

金融海啸

百年难得一见

居然被我们碰上了……

接案子继续努力，只要不影响作息和健康，兼职倒也有一笔额外的收入，这就是所谓的开源。

在我储备资金的阶段，我尽量让一些物质上的欲望降低，减少开支。一开始存钱时，难免会觉得生活上比较多顾虑，久了就会养成习惯，也不会出门逛街就一定要大包小包买回家，日常用品有缺才补，不囤积多余的东西，定时大扫除把家里多余的物品丢掉。有了这样的习惯，反而会觉得生活轻松简单许多。

原本以为物质上的"牺牲"，现在回头去看，其实只是清除不必要的负担，到头来并没有损失，简单轻便的生活反而更容易带来心灵上的满足。

我住的地方，没有电视和冰箱。每次朋友听到这件事，都会露出"不可思议"的表情。其实没什么好惊讶的，没装电视是因为每天上班都盯着屏幕已经够累了，下班后比较想看书；没有电冰箱是因为便利商店就在楼下，附近又都是餐厅和小吃店，超市也很近，十分方便。把看电视的时间拿来阅读、上网、运动，生活一样充实愉快。没有过多物质上的欲望，没有电视和冰箱，生活依旧自由自在，并无不便之处。 这，是我节流的方法。

就在开源、节流双管齐下,存折上的数字自然而然越来越多,我也完成了第一桶金的目标。我用一部分投资得到的额外收入,规划到芬兰和俄罗斯的自助旅行。接下来,诗诺怀特还有很多想做的事与计划等着去完成,这些都是很确切的规划,必须靠自己的努力去一步步执行。

每个人在人生中所面对的问题都不一样,都有辛苦的地方,究竟"什么对自己来说才是真正的财富?"答案要自己去思索与追寻,诗诺怀特祝福你找到属于自己的幸福,拥有真正的财富。

诗诺怀特深深感谢亲爱的爸妈、家人,以及在工作上很照顾我的伙伴们,还有可爱的好朋友们,因为有你们的默默支持与关怀,才有现在的我。不论是在日常生活或是在投资与理财学习的过程中,你们提供了无形的丰富资源,让我有更多的勇气去好好解决、面对问题,谢谢你们!

(注:本书所涉及的金额,单位均为"新台币"。)

你存到第一桶债，还是第一桶金？

只要符合以下叙述，请在方框里打钩。如果 ☑ 越多，表示"存不了钱"的指数越高。

☐ 看到地上有一块钱，不会想弯下腰去捡
☐ 常常迟到，都坐出租车赶着上班
☐ 朋友们大部分都是穷鬼
☐ 男友或未婚夫负债
☐ 起薪低于一般薪资水平
☐ 房租费超过薪水的 1/4
☐ 饿肚子也要买名牌商品
☐ 下班都在看电视或是影集消磨时间
☐ 朋友约去饭店喝下午茶，马上就答应
☐ 化妆品还没用完就买新的
☐ 团购一定会参加
☐ 晚餐常常超过 30 元(人民币)
☐ 有烟瘾或是酗酒的习惯
☐ 冰箱塞满满，很少整理
☐ 去逛街一定会买东西
☐ 喜欢买新产品或当季商品
☐ 为了透透气转换心情，动不动就跑去咖啡厅
☐ 发薪日或拿到奖金就去 shopping
☐ 无意识地常进出便利商店乱花小钱
☐ 不知道自己有几条牛仔裤
☐ 花很多钱尝试各种不同的减肥方法
☐ 进入社会后，就没有在教室上课的经验了

☐ 每个月都会有新的刷卡分期付款要缴
☐ 刷卡动用到循环利息

如果 ☑ 越多，表示越有可能存到钱

☐ 有记账习惯
☐ 随身携带计算器
☐ 对所有数字都抱持着怀疑的态度
☐ 早睡早起，注重身体健康
☐ 重视时间及生活纪律，绝对不迟到
☐ 每天花一至两小时读书、学习或创作
☐ 阅读经济日报或工商日报
☐ 出门逛街，身上只有零钱
☐ 手机费平均每月不超过 100 元（人民币）
☐ 不介意使用二手商品
☐ 从家里带便当上班
☐ 鞋子在十双以内
☐ 使用肥皂洗澡，而不是沐浴乳
☐ 日常用品用到坏、用到完才买新的
☐ 看到地上有发票，马上捡起来
☐ 房间里平常用不到的杂物及衣物越来越少
☐ 买东西的原则是物超所值，重质不重量
☐ 政府补助或是免费的进修及研习班，会好好利用
☐ 钱一旦放进账户和钱包里，就很难拿出来
☐ 喜欢比价和杀价
☐ 把握加薪的机会
☐ 珍惜自己的亲人及好友
☐ 知道储蓄优先于投资
☐ 借了钱一定遵守信用，按时偿还
☐ 不借钱给别人，就算要借，也是救急不救穷
☐ 设定好投资的停损点，就会确实执行

contents

推荐序　轻松可爱,化繁为简的投资理财故事书　1
前言　我做到了,你也能成功!　1
自我体检表　你存到第一桶债,还是第一桶金?　1

CHAPTER 1　白雪公主的梦 —————— 1

CHAPTER 2　白雪公主理财观 —————— 5

好好思考,究竟什么才是最重要的财富　6
金钱是什么,你认识它吗?　9
10元与100元的差别是什么?　11
我本来热爱艺术,现在变得很爱钱　13
财富的差异,就在于你能否看出价格与价值的差异　15
这辈子你一定会遇到这些风险,随机应变吧　17
你有理财,未必就是正确理财　20

CHAPTER 3　白雪公主理财术 —————— 23

Part.1　培养良好的理财习惯

记账,建立理财习惯的第一步　24
定下理财的目标,努力去实现它　26
向有钱人的理财经验看齐　28
钱的分配,主控权操之在己　31
善用网络金融工具,让投资及理财更得心应手　34
想快速累积财富,开源节流是基本功　36

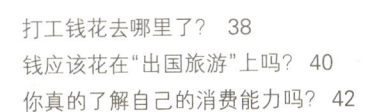

打工钱花去哪里了？ 38
钱应该花在"出国旅游"上吗？ 40
你真的了解自己的消费能力吗？ 42

Part.2 消费的小秘诀

会花钱的人才厉害 44
好好比价，再勇敢杀价 47
喜欢并不代表你真的有需要 49
无差别待遇——大钱小钱都要省 51
向地下钱庄借钱，是拖垮财务的无底洞 54
正确使用信用卡，当个聪明刷手 56

Part.3 生活中的理财小点子

环保会省钱吗？ 58
信封袋记账法帮你简单理财 61
"干物女"的宅经济，省钱有道 64
打扫家里和整理冰箱，减少不必要的物品 66
为健康与钱包着想，自己动手做省钱料理吧 68
自己动手做餐点【早餐篇】 71
自己动手做餐点【酸奶篇】 73
规划省钱旅行，一点都不难【跟团篇】 75
规划省钱旅行，一点都不难【自助旅行——机票篇】 78
规划省钱旅行，一点都不难【自助旅行——铁路交通篇】 81
规划省钱旅行，一点都不难【自助旅行——住宿篇】 83
规划省钱旅行，一点都不难【自助旅行——消费篇】 86

contents

CHAPTER 4 白雪公主投资经 —— 89

Part.1 投资的基本概念

你有多了解自己的投资组合？ 90
股票是什么，你认识它吗？ 92
你买的这些基金，究竟在投资什么？ 94
基金的姐妹——什么是REITs？ 97
让人避之唯恐不及的连动债，究竟是在卖什么？ 100
训练阅读投资信息的良好判断力 103
投资标的，先经过自己的思考再来筛选 105
负利率时代，钱要放在哪里？ 108

Part.2 投资的心法

安德烈·科斯托兰尼永远不问为什么 111
"乌龟三原则"投资心法 114
巴菲特爱捡雪茄屁股赚大钱 116
彼得·林奇的苹果、甜甜圈与丝袜 119

CHAPTER 5 白雪公主财富守则 —— 121

富裕还是负债的人生？ 122
有借有还，再借不难 124
规划资产来保障自主自尊的人生 126
现实不代表无情，不要把金钱跟感情混为一谈 128

买保单之余,手边别忘了留些现金 130
"恐惧"与"贪心"是财富的杀手 132
请优先投资自己 134
如何赚进第一桶金？ 136

后记　学理财,真是一种乐趣 138

CHAPTER 1

白雪公主的梦

白雪公主的梦

每个女孩，都希望自己是白雪公主（Snow White），所有欺负白雪公主的人，都要受到惩罚。大家都会不顾一切来帮助公主渡过难关，最后，公主会和温柔体贴又多金的王子过着幸福快乐的日子。

在童话故事中，白雪公主从来都不用关心如何赚钱、如何理财；然而，现实却不是这样的。除非家里真的很有钱很有钱，否则几乎每一个女孩出了社会，都要努力工作赚钱，有困难的时候，大家也未必都能帮你，还是要靠自己解决。而且，通常多金帅气的王子，始终没有出现在生命中，现实生活中的男友不是在你面前挖鼻孔，就是嫌你买回来的盐酥鸡不好吃。柴米油盐，总是残酷地打破少女的幻想。

有一部电影，叫做《令人讨厌的松子的一生》，是描述一个美丽端庄的音乐老师，如何变成又肥又脏的跛脚女。其中有一幕让我印象很深刻：小时候的松子看着自己双脚上漂亮的红鞋，轻轻拍打着节拍，哼着歌，是那么的天真可爱；虽然长大后的松子内心还是哼着歌，用双脚轻敲着节奏，这时的她却有着邋遢的外表，以及不堪回首的人生经历，令人欷歔不已。

松子的侄子说："松子的一生，总是为别人而付出，自己却伤痕累累。"她不顾一切、无怨无悔地追求爱情，事事顺着男人的心意，而忽略了自己，没有设想好基本生活的保障。

在这个时代,像松子这样对于生活有着过于单纯的心态,反而容易导致复杂的生活。拥有梦想是很好的,但是不考虑到现实条件与能力范围就盲目往前冲,受伤的还是自己。假如松子能有更缜密的思考和周全的规划,相信,会减少很多伤害。

亲爱的公主们,虽然我们怀有梦想,但同时也请面对现实吧!很多事,我们必须自己去思考、去选择。尤其,与你生活质量息息相关的理财与投资,更应该找到适合自己的方法,好赚到足够的财富,来帮助你完成更多的梦想。在这本书里,我想提醒你的第一件事,就是:通过理财与投资来达到经济独立,是保护自己最好的方式。

理财与投资,简单来说,就是把钱放在对的地方、对的方向,就会达到自己设定的获利目标。就像学钢琴,你要学会看谱,日积月累地勤于练习,才能弹出美妙的乐曲。理财也是一样,主动去学习、接触理财知识,并

实际着手规划与实践,随着时间慢慢累积理财经验,才能转化为理财的能力。

投资报酬率,不会主动告诉投资人亏损的几率是多少,实际上有可能亏损的几率是高于获利的几率,所以在投资之前要注意这点,就是别人没有告诉你的部分。在不影响自己正常的生活水平前提下,多的资金去进行风险高一点的投资是无妨,若是生活开支都还有问题,那还是建议暂缓,先备有生活预备资金之后,再去规划投资。

在这本书中,我也将与大家分享对于"理财"与"投资"的一些心得。来,跟着白雪公主的小故事,一起学习赚钱与用钱的诀窍吧!

CHAPTER

2 白雪公主理财观

好好思考,究竟什么才是最重要的财富
金钱是什么,你认识它吗?
10元100元的差别是什么?
我本来热爱艺术,现在变的很爱钱
财富的差异,就是在于你能否看出价格与价值的差异
这辈子你一定会遇到这些风险,随机应变吧
你的理财,未必就是正确理财

好好思考，
究竟什么才是最重要的财富

电影《幸福的三丁目》，描写日本战后昭和年代的生活小故事，我想通过这部电影，来谈谈可以怎样思考"财富"与"幸福"的关系。

到底，你的账户里要有多少钱，才会让你感到充裕而满足呢？

在这部电影中，开杂货店的穷漫画家想买戒指向心爱的人表达爱意，跟出版社预支了稿费后，鼓起勇气走进珠宝店。但是，他还是买不起钻石戒指，只买到一个"宝蓝色的空盒子"送给她。而她，收到了这个装满梦想与幸福的空盒子，泪流不止。虽然盒子里看不到、摸不到什么钻石，但是在她的心中，它依旧光芒四射，如同美丽的夕阳。

现实生活其实正是如此。虽然，每个人都会遭遇波折，但是幸福的光芒一直都在那里。快乐，其实可以来自很简单的小事物，并不是所有的事情都要弄得很复杂，才有价值。

很羡慕以前那个时代。现在的人，大多过得比以前好，家家户户都有电视、电冰箱跟洗衣机，吃喝玩乐都有很多选择。可是，很多人还是常常会觉得不安心，担心钱不够用，担心没有竞争力，担心人与人之间的关系。现在的上班族，很少人能看到美丽的夕阳，大多是摸着黑回家吧！想要拥有财富，结果却失去了生活。

人们当然应该为了生活，而追求财富。不过，财富可大可小，完全看自己怎么去看待它，怎么让财富与生活保持在均衡的状态。只有"钱"才是财富吗？还是，有更多种"无价的财富"？

想象一下，如果有一天，你真的成为亿万富翁，任何再昂贵的商品你都能买下来，这时候的你：

"还会想要什么？"

"想做什么事？"

"对你而言，什么会成为你生命中最重要的事？"

再想象一下，如果有一天，你失去了所有的一切，甚至还欠债好几千万，这时候的你：

"还能失去什么？"

"想做什么事？"

"对你而言，最重要的是什么？"

通过这些问题，可以帮助你思考出自己真正的人生目标。

Bling

Bling

诗诺怀特没有昂贵的珠宝

这本书谈的是理财，但理财只是一种过程。理财的最终目的，是让你能好好拥有与珍惜自己最重要的东西。

我们的生活中，有太多繁杂的信息和嘈杂的声音，容易让人混淆，无法辨识什么才是自己真正重视的事。就像古希腊哲学家 Heraclitus 所说："When there is no sun, we can see the evening stars."那些早已存在的事物，或许只是因为受到干扰，还没有被你看见；或许，目前的你还没有掌握住心中最正确的事物；或许，你应该好好地静下心来，问一问自己：究竟想要过什么样的生活？在你的生活中，财富扮演着什么样的角色？它能帮助你做到什么？

好好抽丝剥茧，思索自己内心深处真正的想法，你一定能看见那些表象事物之下，所隐藏的美丽光芒。

金钱是什么，你认识它吗？

理财，最常谈到的就是"钱"。说起来，"钱"真的是一项伟大的发明，要不是现在有纸币、电汇和信用卡，我们现在还要牵着牛，或是押着一大车的贝壳去换东西，以物易物。如果不是基于大家的共识与信任，"钱"这种工具就无法在市面上流通，交换东西没有个标准的话，那还真是伤脑筋。

有时候，当我看着手中的钞票，会觉得不可思议。这些钞票可以换来吃的东西，可以换化妆品、换衣服、换很多很多东西……现代的钞票，可是精湛的印刷术作品，材质比较好，但仔细想想，不过就是纸罢了。

假如你有时间仔细研究一下"钱"（货币）的历史，你就可以看到不只是货币的造型或材质的"变"——从金属货币到纸币，再到现在计算机中无声无影的数字；你也会发现金钱"不变"的那一面，也就是：看待钱财的"人性"。钱本身，只是个工具，它没有善恶。有善恶的，是人性。

"钱"最大的用处,还是在于交换到需要的东西,能善用"钱"做交易,换到自己认为有价值的东西,才能将它的功能真正发挥出来,可别一开始就被这些纸张迷惑。被迷惑的人,往往不是成为守财奴,就是为了钱财而去伤害自己及他人。我们要好好使用"钱"这项工具,而不是成为"钱"的奴隶喔。

没有共识就无法交易

新闻都说新台币不值钱呢
很抱歉我们只收现金
啊,不能以物换物喔
能用纸张换东西真的是很神奇的事耶
要信任才能用

古时的人们常用具体的物品来交换物资

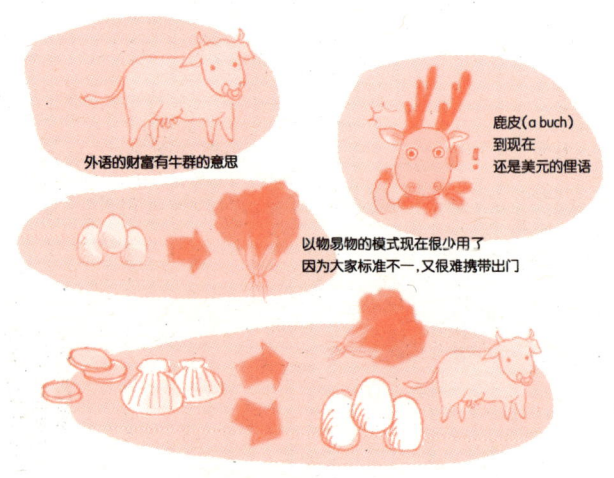

外语的财富有牛群的意思

鹿皮(a buch)到现在还是美元的俚语

以物易物的模式现在很少用了因为大家标准不一,又很难携带出门

后来人类发明了抽象的货币来交换物品

10 元与 100 元的差别是什么？

10 元商品，与 100 元的商品，是不是有差异？差别在哪儿？

通常，品质的差异会反映在价格上，要买昂贵的或是便宜货，其实是买家自己的选择。对商家来说，商品本身没有问题，只是不同的商品，使用的方法不同而已。有句俗语："一分钱，一分货。"贪小便宜之前，可能要先想想买下的商品是不是真的符合自己要求。到底是想要"价格便宜"，还是想要"品质"，或有其他要求。

从"结婚"这件事，也可以看出钱的差异。"结婚"这档事，还真的是可大可小。一样是"结婚"，新郎与新娘可以找两个朋友约在麦当劳里当证婚人，签一签字，然后到户政事务所缴一百元手续费，就可以"结婚"了。

一样是"结婚"，如果按照坊间婚纱业的"结婚套餐"来办婚礼，以台北现在一般行情，婚纱照三十组加上订婚、结婚租借礼服，大约是七到十万元，再加上分送亲友喜饼、宴客五十桌的费用，就这样，花了将近百万，也是"结婚"。

"结婚"本身，在法律上的意义是一样的，样式与费用却是大相径庭。一百元可以结婚，一百万也是结婚。我并不是说，哪种方式比较好，无论你要面子或只要里子都可以，要投入多少费用来完成这个仪式，端看你、你的另一半，以及你们双方的家庭想要什么。

虽然，诗诺怀特我，平常喜欢"价格便宜量又足"的商品，不过，依我的经验来看，通常便宜货的确不怎么耐用。就拿我前阵子常喝的便宜奶茶包来说，居然是加了"三聚氰胺"的毒奶啊！身为消费者，除了考虑价格，也要多注意价格落差的原因，这样就会更清楚自己所购买的商品，有没有符合自己的需求。下次，当你的保险专员再拿出不同价格的保险组合，就要问清楚点，符合需求，才是比较务实的选择。

我本来热爱艺术，现在变得很爱钱

或许是因为我曾经接受了七八年的艺术教育，感染了那么点波西米亚(Bohemian)的思想及行为，如果那时候要我提出人生最重要的三件大事，应该会是"艺术"、"艺术"还有"艺术"。我觉得精神远比物质有意义多了，物质的诱惑让人沉溺其中，甚至铤而走险去犯罪，从"我思故我在"变成"消费证明存在"，连自我都失去了，难怪大家会说金钱是万恶之源。

现在的人常把资产阶级和中产阶级称做"布尔乔亚"。所谓的布尔乔亚(Burgensis)呢，不过是一个音译名，源自法文的"城市"这个词。布尔乔亚所信仰的 Happy Ending，是在资本主义的社会中努力工作以求成功。

而成功的定义是什么呢？就是高所得、高生产力、高竞争力等等。当我第一次听到小布尔乔亚们在谈论人生最重要的三件大事是"房子"、"车子"和"结婚生子"时，震惊了好一阵子。我必须承认，我活到快三十岁，从来没好好想过这三件事。大家都有，我却没有，这意味着，一定是有什么对于钱的想法或是做法上有差异，是我可以去思考的。

后来，我进了金融业——这个最接近钱的地方，到资本主义的大本营——银行——上班。我发现自己变得很爱钱，非常在乎数字。

这主要是因为我慢慢体会到，"有钱"并不会让人生变得没有意义，也未必会改变一个人的价值观。相反的，有了钱，可以让你更有能力回馈社会，像卡内基或是巴菲特等有钱人，都远比一般人更愿意捐献财富，去帮助更多的人。有了钱,让我拥有更多行动的自由,能以不同的角度去了解艺术,因为如今我有了充足旅费走访德国、北欧和俄罗斯等地。参观过至少五十座以上的教堂及博物馆,如今我才了解什么叫做圆顶教堂、哥特式教堂还有东正教教堂;看到了不少名画家原作,每一次的游历都带来很大的感动,这是光看照片没有办法体会的。

"有钱"虽然没有办法让人免于忧愁与烦恼,但是"贫穷"也不能。钱之所以存在,是因为对生活有更美好的期望,这才是人们赚钱的初衷。想变有钱,不用担心别人会怎么看,追求美好的生活,本来就是天经地义的喔!

财富的差异，就在于你能否看出价格与价值的差异

漫画《神之霞》中提到，不论是人或葡萄酒，都是天、地、人等因素造就而成的，所以，每个人都有不同的特性与质地，这就是生命之美。

书中在谈葡萄酒的观点，跟谈艺术品、看待艺术的概念有类似的地方，如果只是被价格或是知识（酒标、酒评）而左右，存有先入为主的想法，就真的只是停留在"文字与数字上的认识"，与真正去"体会它的生命与内涵"不同。好的作品，不一定是在拍卖会上拍出天文数字；有哪个名人的签名加持，也未必就等于是好作品。

像前阵子，佳士得不顾中国官方及民众观感，坚持拍卖圆明园兽首的事件，就是个奇妙的例子。青铜鼠首和兔首，分别以将近一千八百万美元的价格成交，这位来自中国的买家得标之后坚持不付款，以示抗议。这十二个生肖兽首的艺术及历史价值，与其他中国文物比较起来，并不会太

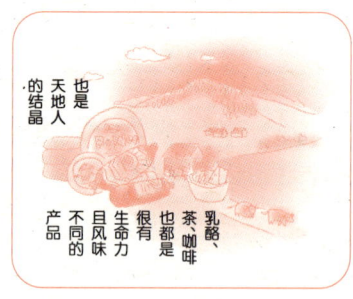

高，但是却很有话题性，因为会让人想起英法联军攻打中国的"国耻"，在拍卖会上的价格，也因此能被喊得屡创新高，令人咋舌，这就是话题炒作的厉害。

在投资时，我们一定也会面对评估标的价格与价值的问题。金融股的龙头"国泰金"的股价，也曾经高达一千九百多元，但是现在股价只有三十几元。问题是，这家公司规模，其实是一直在稳定成长的，并没有像股价那样掉得那么夸张。所以说，投资前还是要防备是否有泡沫化及短期炒作的情形发生，选出真正具有价值的商品，别让别人的看法，左右你对事实的认知。

这辈子你一定会遇到这些风险，随机应变吧

"风险"究竟是指什么？就字面上来看，跟天然造成的灾害比较有关，究竟何时起风？风往哪里吹？会不会老是变换风向让人措手不及？有没有可能造成伤害？至今没人能说出个准。

人生是时时刻刻面临"风险"的，有了那些可怕的、可恶的、欢喜的、恼怒的体验，生命才有了滋味。是啊，这就是人生，它总不会如你的愿。

在生活中，我们难免会遇到一些意料之外的事，生命不会像计划表中罗列的项目，机械化地一样样执行与完成。生命比较像是变形虫，总是因为外在环境而在变化，没有确定的形状。这些种种"不确定的"因素，总是让人对未来没有安全感。除了天灾、生老病死及意外等生存上的风险，个人理财常会遇到的风险，包括了以下几种：

1.变现问题

急需现金时，如果存款不足，就要设法将其他资产转换成现金。因为时间上比较紧急，所以在这种情形下往往没办法等到好价格再交易，会有亏损的风险。

2.利率风险

央行调整利率会对个人贷款或是资产价格产生影响。假设五百万元的房贷利率原本是2%，即一万元，若利率调高到3%，光是利息就要多付五千元。投资债券的话，债券价格也会因利率上升而下跌。

3.外汇风险

两种货币之间的转换,一定会遇到汇率问题。像外币存款,如果外币升值,存款金额在兑换回新台币时,金额会变多。如果外币贬值,就会有来自汇兑所产生的损失。

4.信用风险

与自己交易的对象,有可能会违反交易时约定的条件而造成损失。例如标会被倒会,或是借别人钱而对方赖账不还钱。

5.通货膨胀

相信每个人对通货膨胀这项风险的感受都很深,连小朋友都会说:"什么都涨价了,就是薪水没有涨。"同样的一笔钱,在市场上所能购买的质或量降低了,就能感受到通胀压力,尤其是一般民生用品或是食物的价格若是上涨,受薪阶级若没有跟着调薪,支出便会明显增加。投资标的的投资报酬若不能跟上一般物价上涨速度,也是有损失的风险。

理财过程中,会遇到很多不同的风险,不见得能完全避掉。与其视而不见或存着侥幸的心态,还不如平常就做好周全的计划来分散及转移风险,例如,随着人生不同阶段调整资产配置来分散投资风险,挑选适合自己的保险来转移风险,都是面对风险的好策略。心里先有准备,手上握有应变的计划,才能在意外真正来临时,立即做出反应来处理。

就中概股啊
就是很热门的中概股呀
你是说要买哪只股？

②

不会吧?!
没有这只股票耶

③

诗诺怀特无知的风险……
还搞不清楚状况
啊呀
小姐……
你是认真的吗

④

你有理财
未必就是正确理财

金钱的规划,是人生重要的大事之一。不论是投资事业、结婚、生子、奉养父母、买车、买房、交际、旅游休闲等,都需通过金钱来达成目标,做好理财方面的规划,会让自己的人生更顺利及美好。

常听有人抱怨说,"有啊!我有理财呀!可是钱还是不够用啊,这是怎么回事?"

很多人都以为,只要不买消耗品或名牌,把钱拿去保险或投资,就是在理财。至于是不是自己真正需要的保险,或是究竟投资了哪些标的,反倒不管那么多。通常,理财族之所以会这样,是误解了理财的意义。这么做,就像是伊索寓言中的贪心樵夫,以为只要往湖里丢入铁斧头,神仙就会自动从水里拿出金银斧头给自己。

有句俗语:"你不理财,财不理你。"就是在提醒大家,想要有钱,得先好好学习。例如,实际制作一份报表,你的理财成效就比较有明确的依据。

假如你有买过股票,就知道上市公司都会定时列出资产负债表、损益表等财务报表,好让投资人检视经营状况。经营自己的生活,你应该要像经营一家公司,通过记账及定时做出资产负债表,来管理自己的财务。

你只需要将各项资产及债务系列出来,就会知道自己有什么值钱的东西,哪些方面有亏损,依照整体概况来进行局部调整。

我有一个朋友说,他大大小小的保险有二十九种,听了真是吓一跳,

光保费就占了他收入的绝大比例,这样的理财计划,是需要调整的,否则以后如果想买房子或成家生子,可能会发生缺乏现金的问题。还有,将来预料一定会发生的事(例如结婚、出国念书),预算应该就要编列进去。

制作一份属于你自己的财务报表,能培养对数字的敏感度。这么做其实很简单,每个月只要花点时间制作,就有明确数据好好计划思索,或和家人一起讨论有没有需要调整的地方,别让你的财富变成孤儿,无人闻问喔。

CHAPTER 3 白雪公主理财术

Part.1　培养良好的理财习惯
记账,建立理财习惯的第一步
定下理财的目标,努力去实现它
向有钱人的理财经验看齐
钱的分配,主控权操之在己
善用网络金融工具,让投资及理财更得心应手
想快速累积财富,开源节流是基本功
打工钱花去哪里了?
钱应该花在"出国旅游"上吗?
你真的了解自己的消费能力吗?

Part.2　消费的小秘诀
会花钱的人才厉害
好好比价,再勇敢杀价
喜欢并不代表你真的有需要
无差别待遇——大钱小钱都要省
向地下钱庄借钱,是拖垮财务的无底洞
正确使用信用卡,当个聪明刷手

Part.3　生活中的理财小点子
环保会省钱吗?
信封袋记账法帮你简单理财
"干物女"的宅经济,省钱有道
打扫家里和整理冰箱,减少不必要的物品
为健康与钱包着想,自己动手做省钱料理吧
自己动手做餐点【早餐篇】
自己动手做餐点【酸奶篇】
规划省钱旅行,一点都不难【跟团篇】
规划省钱旅行,一点都不难【自助旅行——机票篇】
规划省钱旅行,一点都不难【自助旅行——铁路交通篇】
规划省钱旅行,一点都不难【自助旅行——住宿篇】
规划省钱旅行,一点都不难【自助旅行——消费篇】

Part.1　培养良好的理财习惯

记账，建立理财习惯的第一步

　　简单来说，进入理财领域的第一步，你可以做的，就是先记账。

　　记账的方法很多，除了写在本子上，用计算机 key in 或是搜集发票、信用卡消费明细，也都可以当记账的好工具。通过记账，可以规划自己现在与未来的收入与支出，分配各项费用，还可以画圆饼图或是其他图表来分析自己的收支比例。记账，也让自己对过去有反省的空间。例如，如果一时冲动花费了一大笔钱，要把这个数字记在账本上时，看到暴增的数字，原本是不该花的钱却花了，照理说，心中应该就会有所警惕。

　　不过，真的有吓阻作用吗？如果东买西买后，还是觉得钱花得很值得，应该会很开心，毕竟每个人的价值观都不一样。与其强调警惕的功能，不如说，记账是试着由数字来了解自己消费能力的好方法。有多少能力，花多少钱，会比较实际。

我刚开始记账时,当然是觉得很麻烦。不过曾有心理学家做过研究,人只要持续一个行为大约二十一天就可以养成习惯。日子久了,我还真的养成记账的习惯,收支都清楚地记载下来了。

只是,单纯记流水账的话,并不会到达"规划"的层次,只会停留在单纯、琐碎的纪录。尽管琐碎,不过,优点就是要查某笔支出的时候,会有很清楚的依据,毕竟是写给自己看的,没必要做假账骗自己。别人不清楚就算了,自己的部分一定要搞清楚。所以说,"记账"在某个角度看来,可以说是面对自我的一种记录方式。

女孩子的记账本还是自己偷偷记,别被男朋友看到比较好,看到说不定会吓一跳,出现"什么?!原来桌上那个小粉盒要五千元!"这类的反应。

从账本上也可以看出一个人的消费特性跟习惯。某段期间喜欢去哪里玩,喜欢吃些什么东西,都可以从账簿上看得一清二楚,所以会有个依据来调整消费习惯,较有眉目可循。总之,长期记录的确可以自我观察到不少有趣的东西喔。

Part.1 培养良好的理财习惯
定下理财的目标，努力去实现它

关于定下理财目标这方面，其实有很多说法。简单来说，可以分为"有形"跟"无形"这两大类。

1.有形的

第一个一百万，第一个千万，三年内买下某间房子等。有个明确的数字、对象或是时间，简单明了。

2.无形的

也就是比较抽象的"感觉"问题。不去强调数字以免给自己过大的压力，而且光以数字来当做目标，看起来较缺乏动机。这类的强调先去想象"达成目标后的情境或感觉"，像是快乐的日子，住在豪宅里的舒适感，父母开心欣慰的笑容，老婆小孩一起出国游山玩水的和乐融融等。

到底哪种比较有效呢?

这真的是因人而异、因地制宜。一般的短期财务目标，可以定下第一种类型的目标，反正就是要达到那个数字，或是在某段时间里做完某些事，过程或方法可以自己调整，不需要去想"感觉"的问题。而且，像存钱这种事，目标要定高标准，而不是低标准，想存钱不是问"最少存多少"，而是要存到"最多的数目"，钱自然就容易存下来。

再举另一个例子，旅行这类的目标，以"在那个国家跟亲爱的人／家人一起散步一定超棒的"这个为目标，反而会比"去×××国要×××元"

这个内容,让自己更有动力去达成它。

每个阶段的目标都有可能会调整、改变,心态跟看法会随着阶段的不同而修正。若是发现自己离目标越来越远,或是停滞不前,那就是警讯了!有可能是方法不对,或是目标需要调整也不一定。不论短、中、长目标为何,有"定下目标"这个前提就不会容易失去方向、随波逐流。

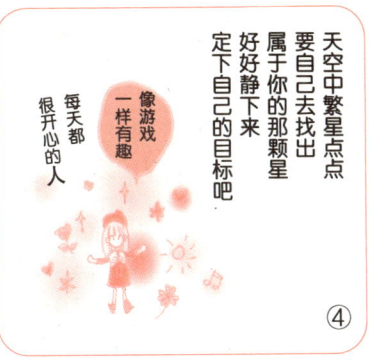

①
选定目标是很重要的
有了目标才有随时检视方向的标准

②
脚踏实地
方向对了就会到达目的地 给自己一点时间
一定可以的

③
积少成多的力量很可观 平常多留意点 总是好的
一块钱 可以 打电话
魔鬼就在细节中

④
天空中繁星点点 要自己去找出属于你的那颗星 好好静下来 定下自己的目标吧
像游戏一样有趣 每天都很开心的人

Part.1 培养良好的理财习惯
向有钱人的理财经验看齐

在我进入银行工作之后，最大的收获就是对理财的概念逐渐成形，而且很幸运地遇到一群很棒的同事。因为是金融业，所以接触的人、事、物都和理财脱不了关系，从一早开始的晨报，到行内外测验的考试范围，都能帮助自己更加了解投资与理财的游戏规则。同事们大多已成家生子，人生已有些历练，他们都会将他们宝贵的经验与我分享，像我对买房子、装修或是贷款有疑问时，都可以请教同事们，将他们的看法作为参考。

我会好好观察朋友及同事们的生活习惯还有消费的观念，人有一种很棒的本能，就是"模仿"的能力。我舍弃自己过去的消费模式，改由通过"模仿"来吸收家境不错或是有钱亲友的优点。例如：公司的经理每天早上都会阅读经济日报及工商日报，所以我再也不看捷运报改看这两份报纸，到现在还是持续着这样的习惯，虽然新闻报导不能尽信之，不过我觉得这可以帮助自己大略了解国内外经济的概况。

女孩子在外除了聊些时尚八卦的话题之外，若能对财经时事有所评论，通常能让大家眼睛为之一亮！我还曾跟经理和同事们要了些值得推荐的财经类书单，与其书店里大海捞针，不如先请教别人看过哪些好书，能借到的书就借来看，还不用花钱买呢！

而且，我发觉身边的有钱人都有"精打细算"的特质，卖咖啡豆不是以"包"，而是用"每颗豆"的毛利为单位来计算成本及获利率，不打迷糊仗。

于是我就去买个计算器随身带着,再加上确实记账,像他们一样养成精算的好习惯。像这种细心细腻的精算习惯,不仅对管理财富有很大的帮助,同样的态度用在工作上,也会有很好的成绩。

我在学生时代常因为冲动而买了过多的衣物及保养品;为了满足购物欲望而用信用卡预借现金,还款也只付最低应缴金额。现在完全想不起来为什么会买那么多其实也没用几次的东西。如果没有改变而继续这样过着透支的生活,恐怕在银行工作了好几年,还很难有积蓄。

我很感谢我那擅于理财投资的阿姨,在我刚开始工作时,坚持要我照她的方法去做,每发薪水就扣一半储蓄,教导了我一个重要的观念——先储蓄、再投资。

刚开始,我一心只想先投资赚钱,想要很快就存到第一桶金。阿姨给了个当头棒喝:"没本钱投资什么?"叫我先学会存钱才好。薪水扣半储蓄的计划执行一段时间后,钱确实存下来了,我还真的从没想过自己每个月可以少花这么多钱,整个用钱的观念跟习惯都改变了。

或许我们的周遭就有一些富有的亲友,不妨去看看他们的理财方式,甚至就照着学做做看,这会是很快而且很有效的途径喔。

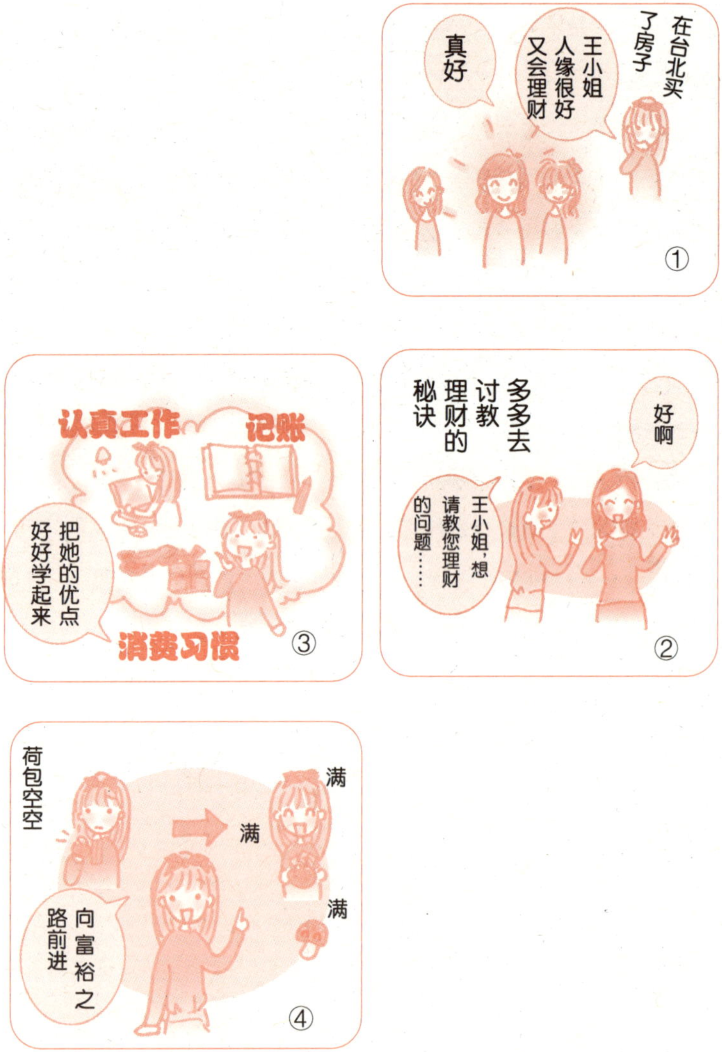
在台北买了房子
王小姐人缘很好又会理财
真好
①
多多去讨教理财的秘诀
好啊
王小姐，想请教您理财的问题……
②
认真工作
记账
把她的优点好好学起来
消费习惯
③
荷包空空
满
满
满
向富裕之路前进
④

Part.1 培养良好的理财习惯
钱的分配，主控权操之在己

金钱在生活上的配置，主控权应该掌握在自己手上。通过记账可以了解自己的收支状况，消费事后的记录，就像船长的航海日志；而财产配置则像船长的领航地图，能一目了然全局，调节掌控速度与方位。同样一笔收入，每个人的运用方式都不同，有些人会存起来，有人会拿去血拼，有人会拿去玩乐，也有人会拿去投资。而这些配置都会对日后产生不同的影响，往不同的方向驶去。

有不少研究报导，例如《新有钱人 新价值观 新战略：野村新世代富裕层理财大趋势》（野村总和研究社著，刘涤昭译，2008年3月28日出版）及《商业周刊》等杂志，都有调查过富裕家庭的财产配置，**大部分会分配 1/3 以上的比例在房地产或是股票等投资**，跟一般家庭比较起来，这些富裕家庭的财产配置的确透露出他们更懂得"让钱滚钱"的道理。而且长期看来，资产分配的方式会让富裕家庭与贫穷家庭落差更大。可见资产分配是财富成长相当重要的关键。

我领到第一份薪水时，心里喜孜孜盘算着若要达成"在短期内能拥有一大笔钱"这个目标，该怎么做比较好？因为单身而暂无需要抚养家属，我的一位长辈要我每个月存薪水一半以上的金额。当下我的第一反应是"不可能吧！"但是后来执行了之后，发现减少花费不如想象那样可怕，并不会使生活辛苦。只是少吃几顿大餐，换吃便宜小吃摊一样美味。

要怎么用呢

感动

领到第一笔薪水

少买衣服,更会精挑细选、学会珍惜。**我的收入分配至少 1/2 以上定存,1/4 缴房租、电话费等生活开销,剩下的就是吃饭、交通及娱乐等其他费用。**

过了一段时间,有了一定的存款后,开始规划进入投资的领域,和生活必需品无关的消费逐渐减少。于是我很快就存到一笔钱,还多了投资的收入。这笔钱,就是让我能随时开口说"我要辞职!"而能生活无忧一阵子的预备金,这样才好掌握人生方向的主控权。

资产分配虽然看起来只是简单的比例,对学习理财的我们来说,却颇具前瞻性。赶快把笔拿出来,将你目前收入与支出分配的比例画出来,检查自己是不是像有钱家庭把 1/3～1/4 以上金钱配置在能让"钱滚钱"的投资,还是配置在无法回收的"钱滚蛋"消费上,试着调整规划属于你自己的资产分配,并努力执行它吧!

CHAPTER 3　白雪公主理财术　Part.1 培养良好的理财习惯

到底怎么分配才好呢

储蓄、投资或更好的选择？

娱乐消费

租房购屋

补习进修

食衣行

伤脑筋

投资也会有亏损的风险

嗯……

分配在吃的比例太多，会胖

多请教在理财方面有心得的长辈参考大家的经验

这情形是这样

依我的经验……

请问一下……

33

Part.1　培养良好的理财习惯

善用网络金融工具，
让投资及理财更得心应手

　　自从网络普及化后，商家服务顾客的方法也因为web2.0时代而有所改变，例如以银行来说，柜面的服务成本较高，所以银行很愿意主动提供优惠来鼓励顾客使用网络来交易。大部分常用的交易都能通过网络银行或ATM解决，像是转账、还信用卡款、缴水电煤气费、证券及基金下单等。

　　我的日常生活就很依赖网络。每个月，公司都直接将薪水转到账户中，要查看自己的薪资收入支出或是交易明细，登入网络银行立刻就看得到。我每天都会登入去看自己的账户，一方面是看着自己的财富渐渐增加，可以激励自己。一方面是会常去查看信用卡消费的明细及累积金额，如果有被盗刷我肯定会马上发现；电子账单上若有超出预算太多的信用卡消费记录，看了马上有警惕效果。

　　另一个常用的网络功能就是在线购物，买商品、买卖股票等。我习惯使用日系专柜品牌，原价上千元的化妆品，通常我都以六折以下的价格买到。我自己也是过来人，知道女孩子常常会在百货周年庆或特卖会时买很多化妆品，使用没多久看到新品上市，又跑去买新的，之前没用几次的化妆品再便宜拍卖掉。

　　我就是看准女孩子这种喜新厌旧的心情，然后趁机在网络上捡便宜，当然不会那么巧每次缺的时候就刚好有商品可以拍，所以平常偶尔就会在卖场中搜寻看看。如果刚好碰到自己预计会用到的，就会网购下来，所以我已经好几年没在专柜买化妆品了呢。

网络买书也是很方便，新书折扣多，或是买二手书也便宜许多，而且又宅配到家，或是到附近的便利商店就能取货，很划算。我自己多余的物品也会整理上网拍卖，变现不无小补。

以前人做生意都要面对面，在银行开信用证。现在订单都是在网络上敲定，根本不用碰面，连后续开发票都能电子化处理……通过网络，的确改变了我们的交易。善用网络功能与信息来帮助自己理财，无非是时代的趋势，对我来说，网络真是帮助我开源节流的好朋友呀！

Part.1　培养良好的理财习惯
想快速累积财富，开源节流是基本功

做生意要能赚钱，有个基本的道理——开源节流，也就是控制成本、增加收入。节流是守势，开源是主动攻击，就像下棋比赛一样，如果只会"攻"而不会"守"，再高明的棋步没有好的防范也会致命。而要赢得棋局，不能只会"守"而已，要"攻"才会赢。

同样的，自己或整个家庭想要快速累积财富，除了在平常生活中要养成储蓄与掌控消费的好习惯，另一方面，要主动想办法增加收入。有些人很会赚钱但不会存钱，有些人很会存钱但不太会赚钱，这样都很难快速累积财富。一般上班族，除了每个月固定的收入外，有余力的话，应该再去培养有兴趣的副业，利用自己的专长，接案子或兼差增加额外的收入。不过可别为了接案子过度工作而影响健康，健康才是最重要的财富，没有健康，再多的钱都享用不到。

另外，投资所得到的获利也是增加收入的管道之一，股票、基金、房地产、手表、艺术品等，都是可以投资的项目。我有个朋友很喜欢机械表，原本是工作之余的兴趣，下班后及假日花很多时间研究名表的知识，长期研究下来俨然成了名表的专家，因为专业知识够、眼光好，投资名表得心应手，没想到这个下班后的兴趣，无形中帮他赚了不少外快呢。

若是投资每年都能有 10%～20% 以上的报酬率，就比将钱存在银行划算许多。只是投资的风险大，还是有赔钱的可能。

不论是哪种方法增加收入,前提是要先顾好自己的本业,如果因为兼差或是其他投资而影响到本业,进而失去主要的收入来源,就是本末倒置了。

Part.1 培养良好的理财习惯
打工钱花去哪里了？

说起打工，诗诺怀特可说是经验丰富！像是补习班工读生、披萨店、牛排馆、咖啡店、快餐店、网吧等服务员，小学生家教、一年半左右的保姆、半年平面设计公司的助理、教授的助教、科博馆义工，或是自己接设计方面的案子等。现在回头看，为了赚钱其实还蛮拼的嘛，可是，那时候认真工作，都没存到钱耶……

求学阶段的房租费和学费还是父母支付的，所以打工所赚的钱都是额外的花费，大多去买新衣服、化妆品、电子产品或是买颜料，或是去日本玩就花光了，真的很敢花钱。出国也会买很多纪念品、时髦衣服和饰品回来，每天上课都要打扮得美美的，穿着高跟鞋踩在碎石步道上，为了爱美一点都不怕跌倒。

现在回头想想，也很难说好还是不好，由于很早就分期付款买了数码相机、DV和一些有的没的计算机装备，所以对这些软硬件和技术都有些概念，为日后工作带来蛮多好处的；也因为很早就敢和朋友拿着钱包和衣物就飞出去玩，所以后来才有勇气越玩越大；因为花大钱买颜料和去日本看展览，让我更了解胶彩材质的美。

因为学生时期买了太多的衣服，让我这两三年都能好好存钱不用买很多新衣服。以前买过太多专柜保养品和化妆品，所以现在很清楚自己适合哪个品牌，不会买到不需要的。

因为有过生活费透支、连吃饭都要预借现金,动用到信用卡循环利息的经验,所以现在的我,已经不会再那样使用信用卡。买消耗品买到透支基本生活费真是有点危险啊。

当然,现在的我还是觉得有点可惜,如果当初早点接触到理财的常识,就能少花些冤枉钱,不过讲这种事后诸葛的话没有用啦,或许还要该感谢过去自己的乱花钱,得到了很多宝贵的经验和教训哪!让我如今更懂得要好好管理自己的口袋。

① 欢迎光临
诗诺怀特以前打工经验颇丰富呢
像餐饮店、咖啡店……

② 也有在网吧打过工的经验
烟味很重
要什么游戏?

③ 还当过小孩的保姆(兼伴读)
小孩很可爱

④ 太会花了
可是一毛钱都没有存到耶

Part.1 培养良好的理财习惯
钱应该花在"出国旅游"上吗?

除了画画之外,最能让我感到有活力的,就是旅行了!

常在理财书或是商业杂志上看到一些建议,劝说年轻人最好不要把钱花在消费性支出上,例如买车、买电子产品或是常出国,而比较倡导退休后再去环游世界。尤其是出国旅行这项消费,我觉得年轻时应该不吝惜这项花费的!要多去看看其他国家。

我的理由是:

1. 我无法确定自己是不是能活到退休。(对我来说,这可是最重要的理由!)

2. 旅行需要体力,很多地方年轻力壮时去走去闯还不是大问题,等年纪大就算钱再多也未必走得动。

3. 走越多路,看法会随之改变,这种事越早做越好。等到年纪大,才想来拓展视野,很多机会早就随着过往岁月流逝了,能做的改变相对比较少。

4. 趁没有世界大战的偏安之际,多走走逛逛……这可是很珍贵的机会。

王品集团董事长戴先生曾提到一个算是比较"激进"的想法,"**年轻人若月收入少于四万元,绝对不要储蓄**"。薪水扣掉房租、生活费、拿钱给父母,再怎么节省、拮据,一个月能存到五千元已经很了不起,再来一次金融风暴,财产还会减半。为了存钱,开阔视野的事情都不敢做,也不敢跟朋友出去,因为要花钱,反而影响自己的竞争力。钱越少,越不想储蓄,这就是所谓"置之死地而后生"。

的确,长辈总是希望我们可以趁年轻努力工作多存钱,以后要买房子、成家立业稳定下来,所以说,存钱和消费会让人陷入两难。可以早日买房、买车,过着有安全感的生活很棒,可以"置之死地而后生"的生活也很棒。虽然我目前可能没办法做到"置之死地而后生",不过我会努力维持些"平衡",在生之际多挣些银两,也多看看这个世界的美丽与哀愁,有个圆满的人生。每个人的价值观都不同,父母亲有时候也会觉得我这个小孩"怎么会这样",怎么不"那样"(稳定),总之,自己的人生自己负责啰。

诗诺怀特说,敬"自由",干杯!

Part.1 培养良好的理财习惯
你真的了解自己的消费能力吗？

每次百货公司节庆的打折优惠期间，门一开就涌进大量人潮，每个人几乎都杀红了眼，挤、挤、挤，买、买、买，整层楼黑压压一片，消费力真是惊人！就算平常不怎么需要的服饰或化妆品，也因为受不了折扣的诱惑，就在专柜小姐甜言蜜语的鼓励声中，卡就很勇敢地刷下去了。过去，我也曾经在收到信用卡账单时，被高额的数字吓一跳，短短几小时刷卡买东西的钱比自己辛苦一个月赚的钱还多，付完款接下来的日子真是苦哈哈。

最近，我去看房子的时候，常有股冲动借钱买房子，尤其我自己是银行员工，不仅很容易借到钱，房贷利息还有员工的优惠，似乎没有什么理由不快点趁利率走低的时机购屋。

不过，冷静下来之后，想想，借钱还是要还钱啊！我刚出社会不算久，若是现在想买到地段和屋况都在水平之上的房子，付完头期款后，手上的现金就缩减了，接下来数十年也可能会被房贷绑死。房贷的费用如果超过月薪的 1/3 以上，扣掉 1/3 自己的生活费，剩下来的 1/3 要规划结婚、生子、奉养父母或是小孩的教育费，够吗？往长远来想，这真是我想要的生活吗？房子的变现性又没人能保证一定很好，掂掂自己的能力，结论是，还是不能太急着什么都想要。

消费之前，要先清楚自己究竟有多少本钱，这是很简单的数学。

消费 < 收入 → 盈余

消费 > 收入 → 负债

有一块钱花一块钱，或是有一块钱，花两块钱，都累积不了财富。透支、举债带来的消费荣景是很短暂的假象，就像是美丽的泡沫，很美可是很容易就破灭。因为一时的消费快感或是虚荣心使然，做了超出自己能力范围的消费，往后便必须以更大的代价偿还。除非有很稳定的收入或意外之财，日后有能力偿还债务，不然债务及举债的利息，是连本带利越滚越大，过少的收入永远补不了过多消费的大黑洞，很可怕的。现在做的任何一个小小的决定，都会影响到自己的未来，重大的财务决定会有更大的影响，不能小觑喔。

Part.2 消费的小秘诀
会花钱的人才厉害

"会存钱"的人厉害,"会花钱"的人更厉害。所谓"会花钱",不是大买特买,把钱花光光那种,而是将钱花在对的地方,同样一笔消费,能带来的价值与效益更大、更多。

我们每一天都会跟别人进行交易,林林总总,每一项消费都是一种"选择"。这个月因为买了折叠脚踏车,所以能存下的金额变少了,没办法买新鞋;因为周末常常出去玩,每次都花了好几千元,所以离年底想出国的目标就越来越远了。消费时面对众多商品的选项,选了其中一项,可能就得放弃另外一项。所以在做选择时,如果钱花错地方,那还真是白白浪费了其他更好、可以带来更大效益的选项。

例如,拥有车子是台湾民众普遍的愿望之一。不过,仔细精算起来,买车的后续开销其实蛮多的。买车的钱,加上新车全险一年大概15000~50000元不等,汽车强制险约2000元,每年牌照税加上燃油税约12000~20000元之间,车辆行驶每五千公里须保养,约1500~2500元,行驶到三万公里须做大保养,轮胎也要视磨损状况更换。

接着,买了车就要考虑到停车位,租金每个月算3000元,一年要42000元。在台北买个停车位少说也要上百万。台湾路霸又多,轮子被刺破或是被刮,被坏人敲破玻璃偷东西,维修费用的单位都是以千元起价。开车出去如果不小心被撞到或是撞到人,都会有很严重的损失。加上汽车折旧率高,所以说,汽车的确是花费很高,而且又不能保值的消耗品。

如果不是特别有必要买车开车,可以搭公共捷运系统作为交通工具,将这笔钱转买房子,或是做其他投资规划,是不是更好呢?钱放入资产的项目还是负债的项目较恰当?这些消费选择都是可以好好去想、去评估的。

消费是看出一个人的选择能力好坏的指标,学会做出对自己最有利的选择,训练自己的判断力,是理财的基本功课。只要在每天掏钱出来或在网络上按下"订购"的按钮之前,想想自己的理财目标是什么,会不会因为这笔花费而离目标越来越远?想想有没有其他更好的选择?多花点心思好好思索一下,好的判断力一定可以渐渐培养起来的。

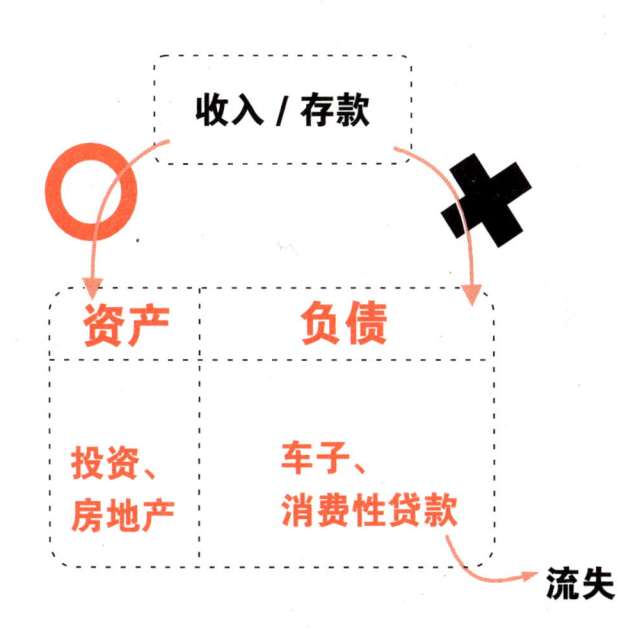

收入 / 存款

资产 | **负债**

投资、房地产 | **车子、消费性贷款** → **流失**

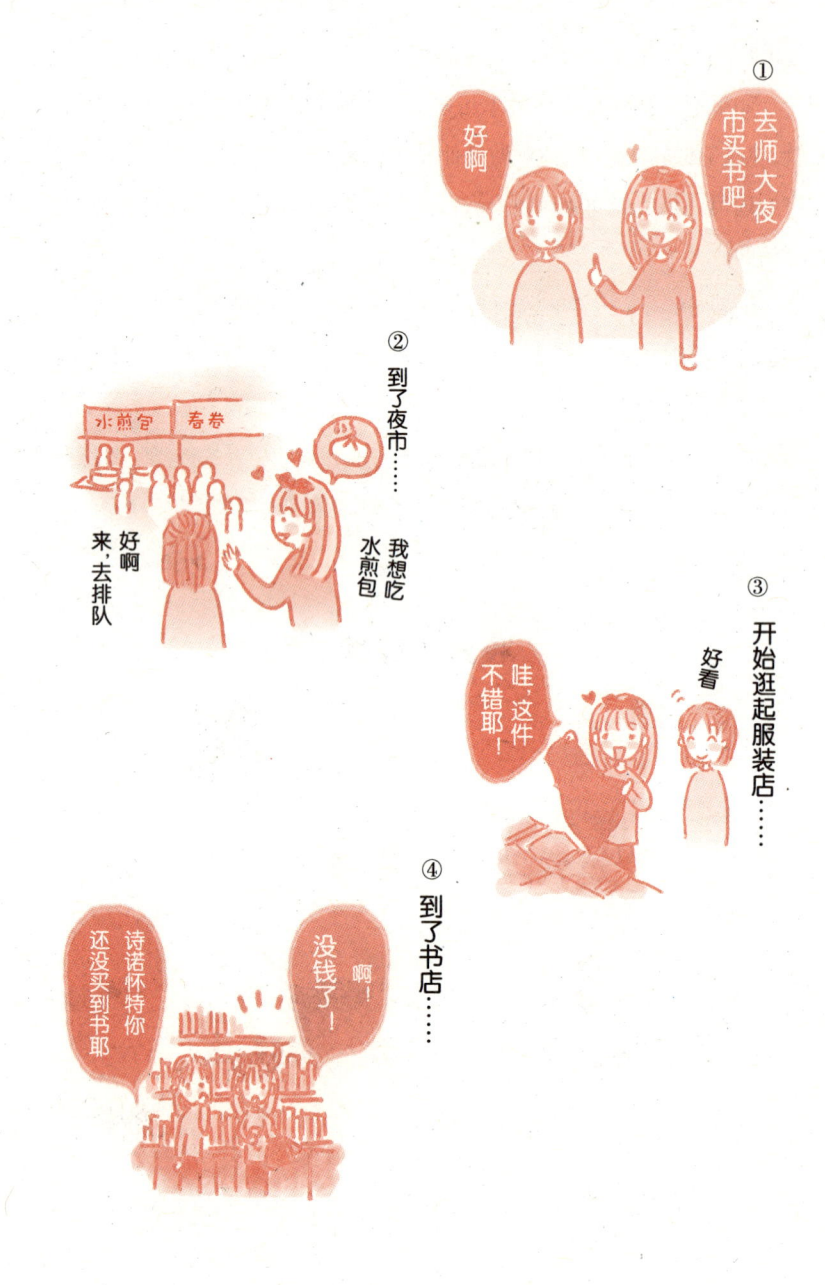

我上班,我存到100万·白雪公主理财记

① 去师大夜市买书吧
好啊

② 到了夜市……
我想吃水煎包
好啊,来去排队

③ 开始逛起服装店……
哇,这件不错耶!
好看

④ 到了书店……
啊!没钱了!
诗诺怀特你还没买到书耶

Part.2 消费的小秘诀
好好比价，再勇敢杀价

《塔木德》(Talmud)是犹太人的经典之一，内容一共二十卷，约两百五十多万字，是犹太人代代相传下来的智慧结晶。《塔木德》里有很多故事是在谈"交易"，生意人做生意的目的是为了追求利润，这道理就像我们常听到一句俗语，"杀头生意有人做，亏本生意无人问"。会坐在同一张桌子面前谈判，表示双方各有所需。只要掌握到对方想要的东西，就比较容易议价。

依台湾人讲究人情的习惯，似乎有有问有差，不杀白不杀的感觉。像今年这样弥漫着不景气的氛围，反而是买家市场，不论是各行各业的买卖都很有议价空间。要采购物品时，先让厂商比价，报价没有竞争力的厂商就很难接到单，厂商为了抢订单，往往都杀红了眼地降价求单。比完价之后，还可以再杀价，依照一般杀价的方法，大略是：

1.直接杀，看对方反应。如果真的亏本，对方不会理你。如果有些利润，对方会叫你再加一点钱。但是要小心的是，"羊毛出在羊身上"，如果价格砍太低让对方很难生存，商品质量可能会降低或是服务变差。

2.一开始就让对方摸清楚心态的话，就很难杀价。看到喜欢的东西，不要流露出一副很想买的样子，态度最好是可有可无。这和男女交往的道理有点像，捉摸不定的小恶魔女，总是会让男孩子爱得团团转。

3.杀价要挑对场所。像便利商店或是小吃店这样注重现金流量的商家,不会让顾客杀价的,不用浪费时间。每个国家的风俗民情也不同,买卖前多打听各方消息,对自己能不能掌控局势绝对有帮助。

比价最大的意义,在于了解市场的行情,不然买贵了都不晓得。价格本来就是可以谈出来的,所以说,开口杀价、努力降低成本并不是羞耻之事,只要双方能达成共识,大家都会觉得有赚而很开心。比价与杀价能不能成功,说穿了都是人与人之间的心理战,交易真是很有意思。

Part.2 消费的小秘诀
喜欢并不代表你真的有需要

逛街的时候,看到喜欢的东西,当场很想冲动买下来,像百货公司打五折时,去试穿鞋子的话,穿起来好看恨不得马上穿走!在书店闲晃看到有趣的新书,觉得值得收藏,即使没打折也很想立刻买下来先拥有再说,毕竟书通常也不贵。不过,我已经在慢慢训练自己"要忍一下",**如果不是在逛街前就已经决定要购买的必需品,就"避免当场做决定"掏钱购买。**

当"超喜欢"或"好想要"的念头占据脑海时,很容易就会失心疯,结果带回家往往发现老早已经有很多类似的了,因为每个人通常喜欢的东西都很类似,一不小心就重复买了。例如我买书常常就会这样,明明家里有好几本书还没看完,在书店里翻到喜欢的又买了几本回来,堆了一堆根本来不及消化!后来我慢慢地改变消费习惯,到了书店先看喜欢哪本,再回家比价一下,通常都能以比市面便宜很多的价格买到想看的书,或是先到杂志出租店,找找看有没有可以用租的。花点时间比价并不费力,只是在当时很想买时,叫自己一定要忍住,然后回家花时间比价,的确是有点考验人性。现在,我有一个小技巧可以跟大家分享,在卖场看到喜欢的东西,我都会先告诉自己:"**要买明天再来买!**"等回家冷静想好之后,再决定是不是真的要买,这样就能避免一时兴起的购物冲动,常常回家后就不会想买那些东西了。

其实购物根本不必急于一时,好书总是在,流行好看的服饰跟鞋子不断推陈出新，有钱不怕买不到。"慢慢来"不但给自己多点时间比价、捡便宜，还可以多点时间考虑自己的消费能力，以免冲动买下来之后才发现超支的状况。

① 诗诺怀特很爱逛街
也喜欢在书店闲逛
不过，要买书前……

② 我喜欢这本书
我要买
沉默
？

③ 赶快离开
让我走……
我先不要买好了
忍耐

④ 现在大都先上网比价
忍一下省不少
喔耶！订到更多折扣的了

Part.2 消费的小秘诀
无差别待遇——
大钱小钱都要省

因为不太景气的关系,很多公司都开始 cost down,我也不例外。和所有工作上配合的厂商都要舍弃过往惯用的定价,重新议价。连单价的小数点都要去谈。这小数点的金额可不能小觑,假设印制一万张 DM(商品广告)总价是 14500 元,单价是 1.45 元,若是以总价去议价,通常只会议掉总价的尾数,以 14000 元成交,省下 500 元。但是如果是用单价去议价,单价 1.45 元降到 1.2 元,就可以省下 2500 元。单价虽只降区区 0.25元,但是印刷量如果拉大到 50 万张,至少会有 125000 元的价差(印越多,单价可以谈越低)。所以说,看到商品报价时,可以先试算看看用总价议价,还是用单价或折扣成数去谈,所得到的数字对自己比较有利。

我也会把 cost down 的观念用在日常生活中,因为我是领月薪的ＯＬ,收入大致上固定,如果日常开销的成本越低,那能储蓄或投资的金额就会变多。租房子的时候我请爸爸一起助阵,月租谈到降价 1500 元,一年就省了上万元。中午白饭剩下的就打包做饭团,当做早餐。早上去上班前会把所有的插头电源关闭,也不用冰箱和电视以节省电费。

我租的住处是顶楼加盖,所以一到夏天就很热,平常上班白天不在家还好,若假日在家没开冷气,肯定会热到昏倒。所以假日我就安排去职训局上课,去美术馆看看展览,或是去百货公司逛街,去书店读读书……尽量在外面吹冷气。真的有事需要使用计算机,就在家处理,倒是不会跑去外面的咖啡店坐,因为我实际计算过,在家开一下午冷气的电费,还是比去咖啡店点一杯饮料便宜多了。

正在努力储蓄的第一年,整年都没买新衣服,都穿学生时代买的旧衣物,直到现在手边有些钱了,还是顶多一年仅买一两件质感好的洋装,正式场合能体面地出席,以免失礼。其他购物方面也是平常就会"做功课"来准备,有需要买的东西,在购买之前会上网google或是和朋友打听行情、搜集相关数据,包括预算和质量等级都先设想好,起码在心里先有个底,之后不论何时何地看到自己要买的商品,自然就能立即判断是不是划算的交易,因为我很清楚我要的是什么。

总之,为了加速存款,我真是无所不用其极,不论大事小事都会想用物超所值的方法去做,不论大钱小钱都会想要省下来,能不多付一块钱,我决不会多给。即使是手头比较宽裕了,薪水也增加了,我还是维持着"简单"的生活方式,支出成本维持一样,随着收入增加,以后要买房或创业等运用的资本就会越多,这就是我打的如意算盘啦。

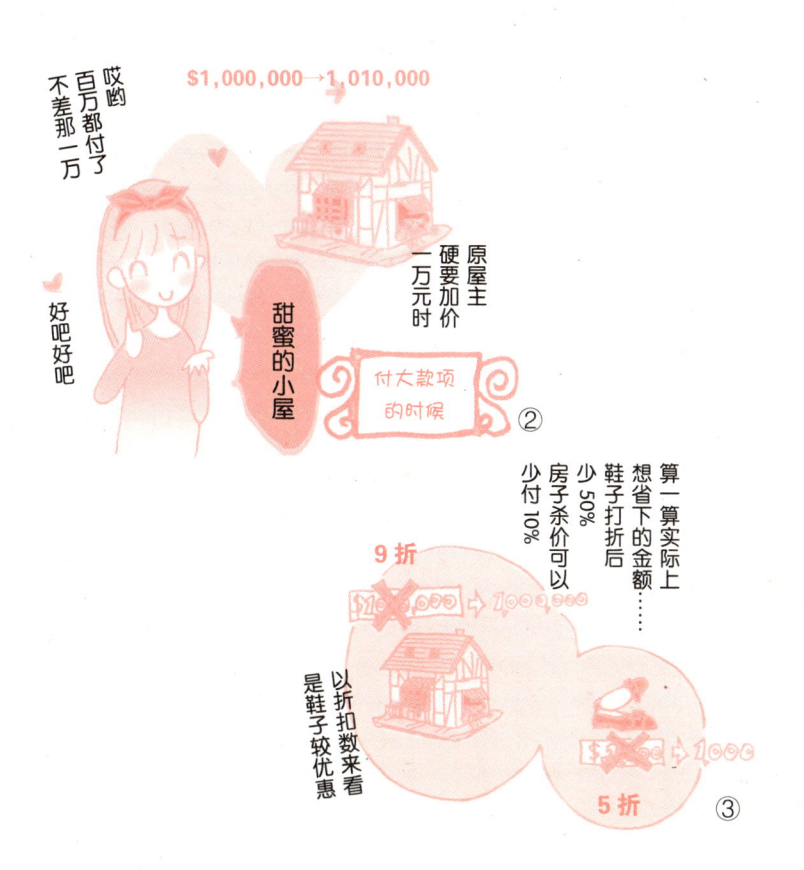

CHAPTER 3　白雪公主理财术　　Part.2 消费的小秘诀

$1,000,000 → 1,010,000

哎哟百万都付了不差那一万

好吧好吧

甜蜜的小屋

原屋主硬要加价一万元时

付大款项的时候 ②

算一算实际上想省下的金额
鞋子打折后少50%
房子杀价可以少付10%

9折

5折

以折扣数来看是鞋子较优惠 ③

房子多付 VS 鞋子少付
一万元 > 一千元

以数字来看大额支出更是可观喔

喔……对……

想省些小钱却没有想省下大钱

省钱要考虑的是数目不是比例 ④

Part.2 消费的小秘诀

向地下钱庄借钱，是拖垮财务的无底洞

会沦落到向地下钱庄借钱，通常已经没有什么还款能力，或是原本就是社会最底层的穷人，没有好的条件向合法的金融机构借款。很少人敢借钱给这样的人，所以说，愿意放款给他们的人，就必须承担比一般放款更高的风险，也因此地下钱庄会要求借款人支付高额利息，以作为高风险放款的代价。毕竟要养一群专门讨债的打手，也颇昂贵的。

如果你要借十万元，扣掉两成手续费，地下钱庄会实给你八万元，假设年息25％，你就要还给地下钱庄125000元。一借一还，地下钱庄就拿

欠钱不还好像很容易『消失』不见……

饶了我吧！下次不敢了

走了你 45000 元的利息！如果你没有依约偿还，又会滚入本金算利息，如果再拖一期还，这个金额就会变成 125000×125％＝156250 以上，这就是为什么债务在短期内会越滚越大。

被钱逼着跑的人，仍旧是前仆后继地向他们借贷，一旦接触地下钱庄，就很容易变成财务上的无底洞。即使借出的本金早已还清，地下钱庄仍旧会紧咬着借款人，支付不合理的高额利息或是手续费，而这些利息和手续费又总是以各种名目不断快速增加，每隔一段时间，这个洞就会"变大"！

地下钱庄是救急不救穷的，一般人还是不要高估自己的能力贸然接触，还不如一开始就下决心停损，还比较实在。

高利贷的计算方式

10 万 − 2 万 ＝ 8 万（实拿）

8 万 → 准时还款 **125,000**
10 万 +25%利息

8 万 → 逾期还款 **156,250**
（10 万 +25%利息）×125%

Part.2 消费的小秘诀
正确使用信用卡，当个聪明刷手

在我们生活中，有越来越多的实体对象数字化，渐渐从有形转变为无形，例如信件、照片、文件数据等。而钱币也是，以信用卡（credit card）、电子货币包（prepaid card）、储值卡等塑料货币进行交易，已经相当普遍。由于信用卡先消费、后付款的交易模式，所以说，"办了信用卡，就是负债"，这是一定要先有的概念。

以消费者的立场来看，使用信用卡的确有蛮多优点的：

- ☑ 卡一刷，商品就可以带回家，不必携带纸币或零钱出门。
- ☑ 消费账目由银行的系统清楚条列，可记录下自己的每笔消费。
- ☑ 可请银行设定代缴电话费、水电费、天然气等公营事业费用，不必费心于这些缴款事务。
- ☑ 通过网络购物，输入信用卡号码及密码就可以完成交易，不用出门就买得到东西。
- ☑ 有些银行为了开发客户，开卡就会送赠品，或是以刷卡红利回馈、现金回馈的方式吸引客户使用信用卡消费，善用这些优惠可以得到一些回馈。
- ☑ 出国的时候，可以当做身份识别证明。
- ☑ 信用卡是月结账，延迟付费可以多一个月的时间周转。

不过，优点换个角度来看也可能变成缺点，例如，因为不是当场付出实体的钱,刷卡付款时会比较没有警觉性,过度消费的几率比较大。办理各项代缴事务、分期付款或是国外刷卡时,所需付的手续费有时候蛮高的。最重要的,如果动用到循环利息,未缴卡款接近 20% 的高利率,利滚利下来也是很恐怖的,刷卡欠了一百万没还,三年后就会被要求还三百万的新闻时有耳闻,成为卡奴一族。

反之,如果好好利用信用卡"方便"、"账目清楚"、不定时各项"营销优惠"等优点,则是不错的理财工具呢!

Part.3 生活中的理财小点子

环保会省钱吗？

为什么会突然提到"环保"呢？因为接下来数十年的投资热潮，应该都是会紧扣着这个议题，范围包括太阳能、风力发电、核能发电、高科技省电节能设备等，为了学习投资理财，为了下一代的生存环境着想，我们当然要特别注意它！

以"Masdar Initiative"计划为例，这是阿拉伯联合酋长国阿布扎比一项投资高达一百五十亿美元的未来能源计划，内容包括永续能源（太阳能、风能、氢气）、减碳、绿色设计和高等教育等。2008年2月，Masdar开始动工建设世界上第一座"零碳"、"零废物"及"无车"的城市。电力将由太阳能电池板提供，而制冷则由聚光太阳能提供。太阳能海水淡化工厂将成为水源，厨房用水以及经城市污水处理厂处理过的废水将用于灌溉城内的植物和城外的农地。

做环保的其中一种方式，是可以在生活中使用"减法"，即剔除不必要的欲望，试着回到像过去那种简单的生活，或许一切的速度会变慢一点，较不方便一点，虽然不可能完全没有污染，但是至少污染的速度也能放慢点。而Masdar Initiative的做法是减法的另一端，投入大量的资金来做环保。

虽然这可能是我们城市未来的蓝图，不过如果是我，我会选择"减法"。因为我是在外工作的单身OL，我去买一个好几万元的省电节能冰箱来做环保,跟我不用冰箱比起来,当然后者来得环保。不用冰箱就不会用到电,也没有库存的问题。而且我对自己每天制造的垃圾量很注意。我的做法是"化整为零",能在外面处理丢弃的小垃圾,像小东西的外包装、广告传单、纸屑等,顺手就丢进人行道垃圾桶或是请店家代为丢弃。

我自己随身都会带环保袋,所以购买商品也减少包装,若真的有拿到的纸袋或塑料袋,都会留着重复使用。有次男友说要送我惊喜小礼物,结果是一大堆他搜集起来的早餐店小塑料袋,说要给我用,害我不知道该笑还是该哭……

其实我不是在省,而是十分珍惜现有的资源,因为旅行走过一些国家,觉得跟其他国家比起来,在台湾地区生活及用水用电实在很方便,物资也很丰富,只要抱着感恩与珍惜的心态,不把方便当随便,就不会浪费周遭的资源。因为注重垃圾减量,我可是省下不少垃圾袋的钱,又很环保呢!

诗诺怀特在一望无际的沙漠中行走……

正在烦恼没水之际……

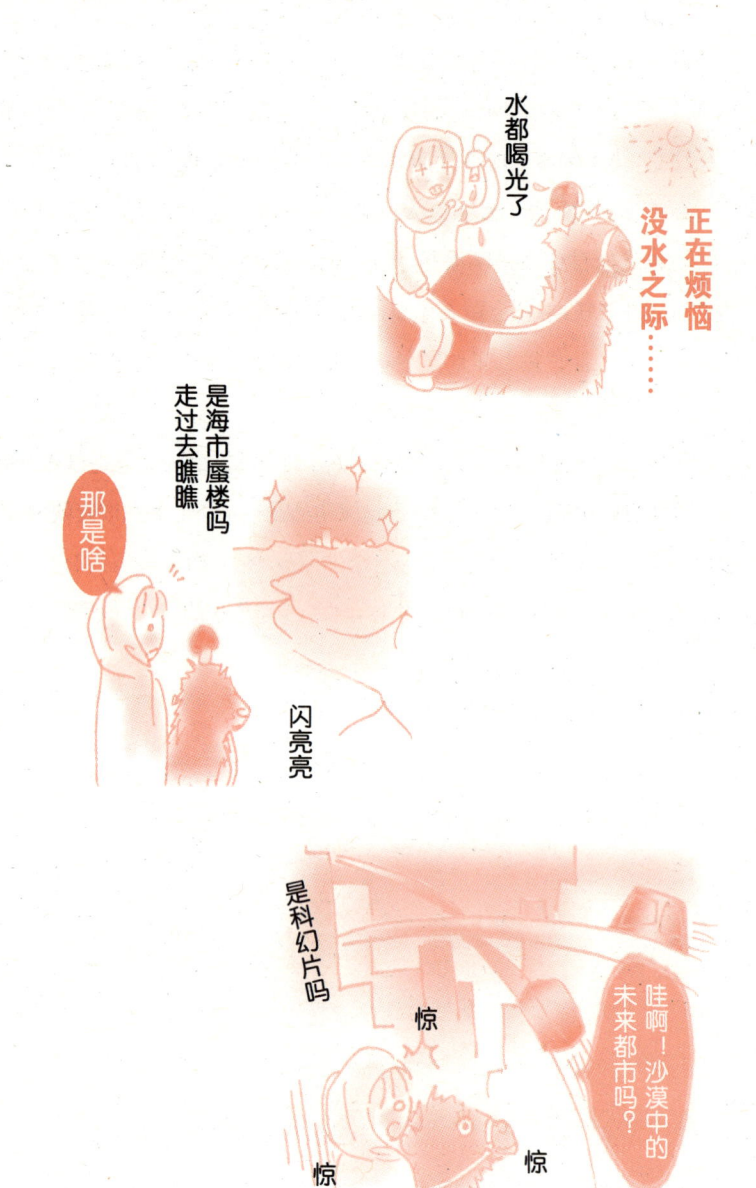

水都喝光了

是海市蜃楼吗
走过去瞧瞧

那是啥

闪亮亮

是科幻片吗

惊 惊 惊

哇啊！沙漠中的未来都市吗？

Part.3 生活中的理财小点子
信封袋记账法
帮你简单理财

之前提到过流水账式的记账法，这次就来介绍另外一种"袋分记账法"吧！简单来说，"袋分记账法"就是每个月在领到薪水之后，先扣除基本开支费用和储蓄，再将其他现金装到不同分类的信封袋中。每次消费时，就根据花费的类别，从该类别的信封袋中将钱拿出，并在信封袋上记下该笔项目及余额。

有"股市名媛"之称的何丽玲小姐，就是采用概念相同的记账法。她曾经说她不使用皮夹，反而是用最早的信封袋来装钞票，直接在信封外面记录买了什么东西、花了多少钱，回家再把花费项目记下来，至于零钱就存到存钱罐或玻璃罐里。这个方法也正是她祖母留给她最好的传家宝。

这种记账法是利用记账本加上几个信封袋来使用。首先，每个月一开始先把发薪日、信用卡缴款日、房贷或是朋友生日聚餐之类会有收入或开销的日期录下来。将收支项目以简单的英文代号来说明：

A：这个月估计的收入，薪水或利息收入。

B：基本固定支出，就我而言是房租、水电费、煤气费、电话及网络费、手机费等。

C：这个月要存入银行或固定投资扣款的存款金额，是储蓄的计划。

D：收入扣掉基本支出及存款金额，即 D = A − (B+C)，D 这个金额才是这个月能自由使用的钱。这个项目一般来说,就是伙食费、交通费、娱乐交际费等费用,可以视个人状态调配金额比例。

分类后的名称写在信封袋上,把这个月能使用的钱(D)分配到各个袋子中。因为信封袋是可以重复使用的,每个月放进去的钱可以用铅笔记录在信封袋上。每次钱拿出来的剩余金额,也要写在各个信封袋上,所以这个月剩下多少钱吃饭或是买衣服,一目了然。

E:代表实际支出,从袋中被抽出的钱,便是实际支出。

F:即D-E,代表这个月的成果,即所能自由使用的钱扣掉实际支出。若"F"(D-E)是正数,表示花费在控制范围内;若是负数,那就表示超支了。

这种袋分记账本,跟记流水账的线性逻辑的确不太一样,最主要的

特色是训练自己掌控现金以及编列预算的能力,的确是较有系统。需要注意的是,自动扣缴的款项及信用卡的消费,因为有时候时间久了连自己都会忘记到底自动扣款是扣去缴纳什么费用,每个月还是要注意一下。而信用卡刷卡,因为是延后付现,如果刷了卡又没有记在信封袋上,会有"钱还在"的假象。

确实执行"袋分记账法"的话,就能达到"收入-储蓄=消费"的理财效果,只是这种"先把生活费领出来安排"的方式,还是有那么一点点令我担忧,因为……会不会被小偷一口气偷走啊?

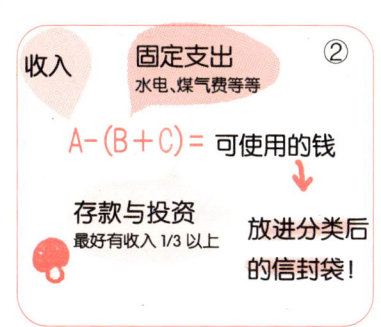

② 收入　固定支出　水电、煤气费等等

$A-(B+C)=$ 可使用的钱

存款与投资　最好有收入1/3以上

放进分类后的信封袋!

③ 袋子略可分为几个主要消费类别　例如餐饮费、交通费　房租房贷费、娱乐费等等

住　食　衣　行　育　乐

④ 会这么难吗　没错

如果家里遭小偷那生活费不就没了

Part.3 生活中的理财小点子

"干物女"的宅经济，省钱有道

"干物女"(ひものおんな)这个名词跟"腐女"、"御宅族"一样，都是日语来的。"干物女"是出自一本叫做《ホタルノヒカリ》(萤之光)的漫画，女主角雨宫萤的性格与生活习惯，引起了广大日本上班族女性的共鸣。

"干物女"的特色，指的就是"泛指外出工作时形象光鲜靓丽，下班回家后及休假时只想完全放松，瘫在房间看漫画、电视，不想出门。因为怕麻烦，也不再去想恋爱这件事的职场女性，然后像香菇、干贝一样逐渐干掉"。尤其是"最近都没有心跳的感觉"这点更是被强调是干物女的指标（指的是看见异性而没有心头小鹿乱撞的感觉）。

虽然说有些医师发表了看法，觉得"干物女"长期疏离人群可能会形成人际交往障碍，不过，换另一个角度来看，若是干物女"单纯喜欢赖在家里"而没有出门随便花钱买东买西，还真是简朴的生活形态呢！

干物女们或是宅男们，越来越习惯靠着网络或电话宅在家里解决食衣住行育乐，他们所创造出来的商机，造就了所谓"宅经济"的荣景。像是网络拍卖购物、电玩、电视电台购物等产业，都有越来越热门的趋势，"宅经济"的相关产业成为了这波全球不景气当中，业绩与销售量逆势上涨的翘楚。

网络卖场和实体商店所卖的商品价格比较起来，通常网络比较优惠,因为网络是虚拟的通路,无实体店租的成本负担,可以在售价上较有竞争力。

在网络上购物可以慢慢比价、慢慢考虑,或是寻找优质划算的二手商品,购物不需出门就可以省下交通费用,这样下来无非可以更精打细算地消费。除非在家也会失去控制,疯狂上网购物或电视购物,不然,"宅经济"可是能有助于省钱的方法呢!

星期六的下午

星期六的晚上

① ②

星期日的早上

星期日的晚上

诗诺怀特你是干物女吧

③ ④

Part.3 生活中的理财小点子

打扫家里和整理冰箱，减少不必要的物品

日本曾经有杂志调查过有钱人家的特色,发现这些收入算是中上阶层的家庭,他们的家里大多整理得相当干净,可以说,没什么多余的家具及琐碎的装饰品。很多人的家,甚至看起来像刚搬进来没多久,空空的没什么东西。但只要是使用的物品,质感都相当好。他们推论出,这就是有钱人拥有财富的秘诀之一,不会把钱花在多余的物品上,他们勤于打扫住处,维持家中整洁。

再来看看台湾的例子,台北医学大学附设医院营养室调查后指出,近六成民众不会去注意冰箱内食物的保存期限,一个家庭每周丢弃保鲜不当食物约为66元;由这个数字来推算,全台一年浪费食物约258亿元,可以让223000名小学生吃二十年的营养午餐。

光是一个冰箱就有这么惊人的数据出来,其他的生活用品更不用说了,大部分的家庭应该都有许多舍不得丢弃的储藏品或装饰品,明明家里也摆不下了,还是不停地消费购买新东西。

乍看之下可能觉得打扫家里和整理冰箱,跟理财没什么关系,不过,换个角度想,这些和我们日常生活最接近的对象,其实就是代表着个人管理财物的态度。每增加一样多余的东西,代表钱又消失了一些,空间又减少一些。每减少一样不必要的物品,就是多了些财富和空间。

以前我出国都会买很多钥匙圈啊、名产啊、衣物配件等,乱花钱买了

很多非必要的纪念品,扛行李又重得要命。后来觉得旅行最珍贵的是当下的体验和数码相机里的照片,现在出国都不会买东买西,钱包不失血,行李也方便带,玩得更轻松愉快。省下的钱,我就可以纳入下回出国买机票的经费。

如果能学习有钱人勤于打扫,把家里整理得干干净净,相信也不会多花钱去购买不必要的物品来破坏家里的整洁。资源过剩,表示钱没有花在刀口上,管理方面还有可以改进的地方。所以说,从家里整洁、冰箱到钱包,都好好开始整理与管理吧!这可是迈向财富的基本功喔。

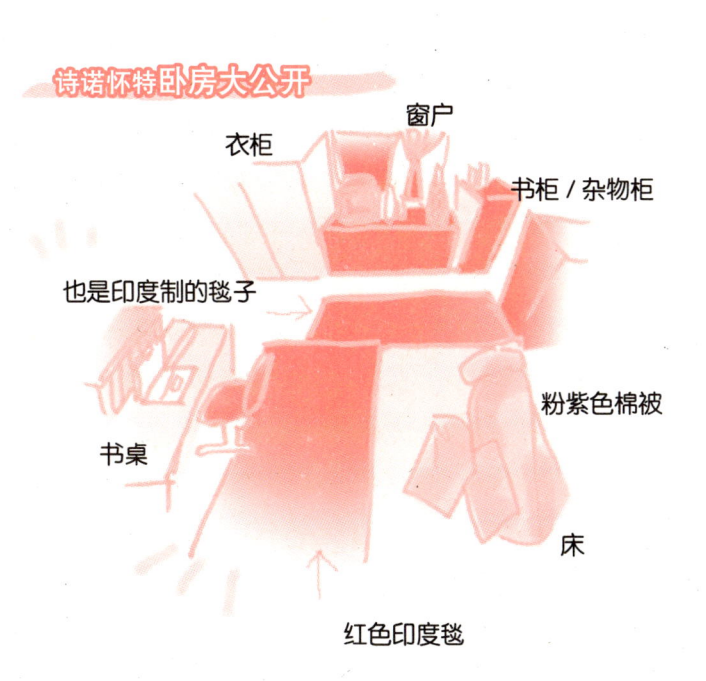

诗诺怀特卧房大公开

衣柜
窗户
书柜 / 杂物柜
也是印度制的毯子
粉紫色棉被
书桌
床
红色印度毯

Part.3 生活中的理财小点子

为健康与钱包着想，自己动手做省钱料理吧

日本曾发生中国制水饺中毒事件，引起当地轩然大波。不论是水饺的馅料残余农药引起，或是有人以外力下毒，为了钱财而罔顾人命的行为，非常不可思议！常常外食的我，听到这种消息真是心惊。

自从离家在外地工作之后，三餐都是外食，是我支出比例中，房租之外最大的开销。这部分的开销高低其实很有弹性，三百元是一餐，六十元也可以是一餐，若单以一个月的中餐计算下来，就有七千两百元的落差。常常在外面吃得太丰盛，对健康来说未必是好事，尤其对像我这样运动量不大的ＯＬ来说，更是又爱又恨的诱惑，花的金钱和体重通常都成了正比。

所以，为了钱包与健康着想，我开始减少吃大餐的次数，并自己动手试着做好吃又便宜的料理，像卤一大锅卤味或煮一大锅咖哩慢慢吃，也会自己包水饺。自己去买食材来清洁与料理，就能确保干净新鲜，最安全、好吃又最便宜的水饺，绝对是自己现包现煮的！水饺皮每斤三十元左右（约一包的量），每一斤水饺皮可以包约75～80个水饺，除非是采用特别昂贵的馅料，不然一定很划得来，单价比市价便宜1/3以上。

以我曾经包过的鱼肉水饺为例，我去买了一块不到一百元的鱼肉，水煮后就可以轻易捏松，需要留意的是，海鲜类还是要煮熟比较保险，没煮熟就包会有腥味。我还加了些青菜一起搅拌，除了香辛料，还可以加少

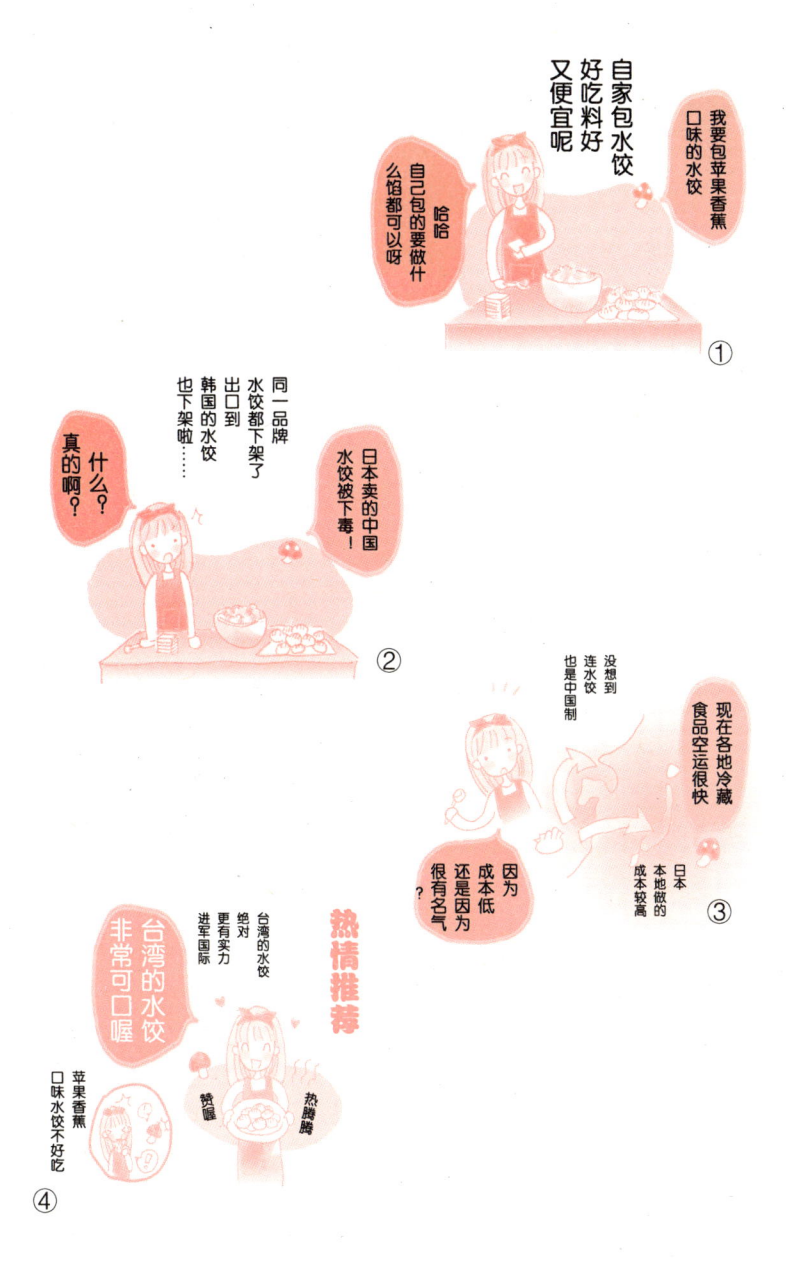

CHAPTER 3　白雪公主理财术　　Part.3 生活中的理财小点子

① 自家包水饺 好吃料好 又便宜呢
哈哈 自己包的要做什么馅都可以呀
我要包苹果香蕉口味的水饺

② 日本卖的中国水饺被下毒啦！
什么？真的啊？
同一品牌水饺都下架了 出口到韩国的水饺也下架啦……

③ 现在各地冷藏食品空运很快
日本本地做的成本较高
没想到连水饺也是中国制
因为成本低 还是因为很有名气？

④ 热情推荐
台湾的水饺非常可口喔
台湾的水饺绝对更有实力进军国际
赞啦 热腾腾
苹果香蕉口味水饺不好吃

69

许液状高汤或是高汤粉,目的是提味,搅拌均匀后,馅料通常就会将高汤吸收掉。加点"日本清酒"或是米酒会比较香,煮好时,馅内的汤汁会有淡淡酒香,很棒的口味。

馅料准备好,包进水饺皮,再沾点清水封黏住对折的水饺皮,就是有模有样的"元宝"啰。吃不完放进冰箱冷冻库,可以抵上好几餐。算起来,一个成本不到新台币两元,好吃又便宜!从餐费中省下来几千块的钱,又可以储蓄起来或是拿去投资了。

主要馅料
- 韭菜 20元
- (鲨鱼肉 50元 要先煮熟)
- 水饺皮 30元

调味作料
- 白胡椒
- 清酒
- 酱油

少许

假日可以在家试试看喔

诗诺怀特之特制水饺

料多到快爆出来了

就是健康好吃的鱼肉水饺啦

Part.3 生活中的理财小点子
自己动手做餐点
【早餐篇】

早餐的饭团

中午剩下的饭
有时是紫米
有时是糙米

隔天早上用微波炉加热

不是发霉是黑芝麻

做法简单
自己准备食材
品质有保障

饭 + 肉松 + 牛蒡丝 = 好吃饭团！

加胡椒粉也不错

　　饭团的配料并不像春卷或肉粽需要很多配菜，其实，只要有肉松就很好吃了。

　　肉松好不好吃的差别很大，市售猪肉丝（平均 211 克）200 元，大约可以吃二十天左右。质量良好的纯肉松比一般超市卖的铁罐装、加了豆粉的肉松颜色淡些，价格也稍高点（约 20%），不过真的好吃多了。然后在肉松上撒些 paprika。paprika 外表看起来和辣椒粉很像，不过一点都不辣，是颜色漂亮的红椒粉，所以撒在饭团里会整个红彤彤的，色泽很特别。

　　我的做法就是，把米饭（放在塑料袋里）压平后→铺上肉松→paprika→偶尔加一点牛蒡→然后往中央捏起，就完成了。

　　外面摊贩卖的饭团一个要 35 元，加上早餐店中杯奶茶 15 元，就要 50 元。若是用全麦吐司来夹肉松，半条全麦吐司 8 片 40～45 元可吃四天,加上每天奶茶一杯15元,早餐一份成本是35元左右。

如果想更"精实"一点准备早餐,"自制饭团"的成本就只有肉松和米饭,一天约15元。奶茶也改用茶包,约9～10元。所以早餐就能控制在25元左右,不仅吃得很饱而且很美味。

都吃肉松跟淀粉类好像缺乏纤维?没关系,每天早上都搭配一种水果即可。《不生病的生活》这本书上有提到,水果早上吃,酵素比较容易被吸收。

每天早上吃个自制饭团,吃得饱饱又营养。你呢?对自己早上吃下去的东西,是否精算过?

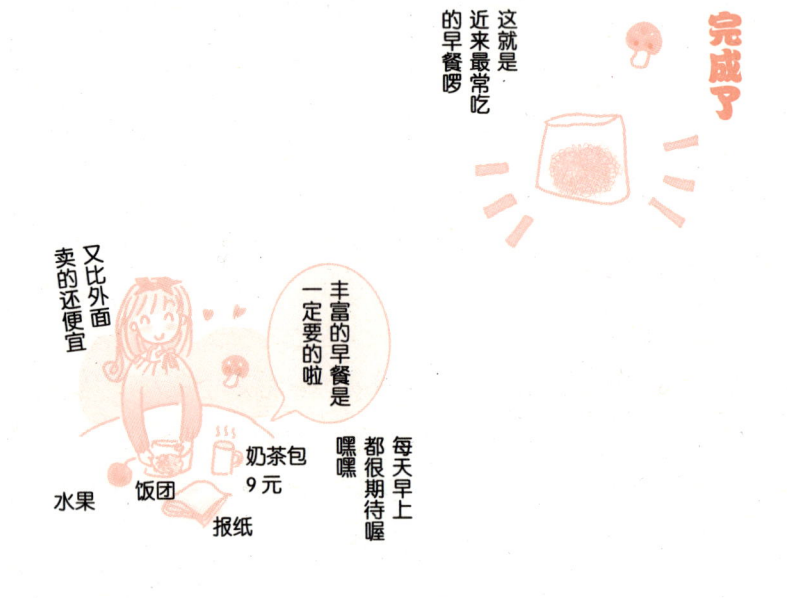

这就是近来最常吃的早餐啰

完成了

又比外面卖的还便宜

丰富的早餐是一定要的啦

每天早上都很期待喔 嘿嘿

水果　饭团　奶茶包9元　报纸

Part.3 生活中的理财小点子

自己动手做餐点
【酸奶篇】

　　制作酸奶的机器价格差异颇大，几百块到上千元的都有，看品牌分辨不太出来差别在哪儿，贵也不一定代表好用，便宜机器又怕做不出好吃的。应该有很多人都是这样，顾虑很多，所以一直都没有去尝试自己做酸奶。

　　不过，算一算自制酸奶的成本，对常吃的人来说真的很划算，如果一次买两种口味，一天就要花 50～60 元，消费直逼正餐价格。所以说，改吃自制酸奶就可以减少支出，是"以往购买酸奶花费"的一半。

　　而且自制酸奶没有其他添加物，不含糖，也不发胖。无糖酸奶搭配水

自制酸奶成本

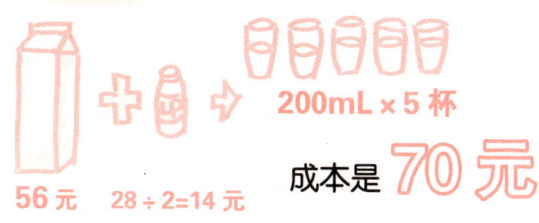

➕ ➡ 200mL × 5 杯

56 元　28÷2=14 元　成本是 **70 元**

市售酸奶价格

➡ **140 元**

28 元×5（单个 200mL）　贵了 1 倍

果、果酱或是蜂蜜就很好吃,浓郁顺口。网络上就可以买到酸奶机,三百多元含运费并不贵。听说不同牌子的优酪乳发酵做出来的酸奶会不太一样,平常在制作时可以来好好"实验"一下喔,说不定会发现很棒的口味。

像这类简单的餐点,由自己来制作并不会花上太多时间成本,打开鲜奶后,将100mL左右优酪乳倒入后,放在酸奶机里静置八小时,这样就完成了,非常简单。

省钱并不一定很麻烦或是要多花很多时间,有些还能为自己带来生活乐趣,像偶尔利用剩饭捏捏饭团,用剩菜夹个简单营养的三明治,一点都不难。如此一来,省钱也是可以很有乐趣的喔,等着你去发现!

Part.3 生活中的理财小点子
规划省钱旅行，一点都不难
【跟团篇】

跟团只要缴钱、把证件交给旅行社打点，几乎就可以好好放心等待出国。一两个人参加旅行团，比较没有什么议价空间，如果是找亲朋好友凑人数组一团出国观光，通常就可以有谈价格的机会，而且行程的安排也可以和旅行社商量，弹性比较大。不然，就是找那种"在出团最后一刻要凑人数"的团，就有可能谈到很优惠的价格。

唯一担心的是，像近两年来因为油价大涨，很多路线的机票和旅费都涨价超过三成，出国观光旅游的人次因此也大大减少，甚至有些旅行社面临倒闭的危机。然而，明明很多旅行社都因为成本变高快经营不下去了，叫苦连天，新设立的旅行社还暴增。有问题的旅行社还是蛮多的，有些甚至可能会恶意倒闭，所以在付款前还是要小心。在这里，提供一些小方法来保障自己的血汗钱。

1.找有品牌、有口碑的合法旅行社，而不完全以价格高低来考虑。 旅行社开的价格若比一般市价低太多，反而更容易有风险，很多不良旅行社就是以低团价吸引顾客上门，等大家都付了钱便卷款而去。或是带团出去之后旅游质量太差，很多服务都被要求自费，加起来反而花更多钱。不会有人去做亏本生意，旅游还是别因为贪小便宜而白花冤枉钱。在行前要白纸黑字签好旅行契约，先把行程跟费用摊开来讲清楚，才不会容易有纠纷。

2.在签约、缴付订金或团费前,最好亲自跑一趟旅行社。看看公司是不是正常营运,出发前则须向旅行社确认签证及机位是否都没问题。

跟团旅游就是把自己的安全与旅费,交给旅行社处理,所以"慎选旅行社"非常重要。

CHAPTER 3　白雪公主理财术　　Part.3 生活中的理财小点子

②
没听过这家旅行社耶
绵绵？上网查查看评价
我们快报名
上面说名额有限

③
骗子
什么都要自费
变相加费
烂透了
感觉被骗了
导游态度好差
很没诚信
千万别参加
评价极差！！

④
确定要报名这团喔？
还是别贪小便宜
一分钱一分货啊
找到有口碑的合法旅行社吧
多看看几家吧……

Part.3 生活中的理财小点子

规划省钱旅行，一点都不难
【自助旅行——机票篇】

同样都是出国旅游，跟团观光和自己规划旅行差别很大。自助旅行就是什么都要自己来，包括机票、证件办理、行程规划、景点的票券、行程中交通工具、住宿、用餐、保险等都是靠自己处理。当然，因为是自己安排，最大的优点就是不必因为团体行动而受限，想去哪里就去哪里。诗诺怀特去过日本、美国、德国、芬兰和俄罗斯、巴厘岛自助旅行，深深觉得省钱之旅，就要从"买便宜机票"开始。

1.同一个机场进出，比进出不同机场便宜！

2.购买的时机，以"提早六个月订票"或是"出发前才买机票"比较容易买到优惠的机票。

如果能提早开始规划旅游日期，在半年前就可以买票，不然拖到后面有可能连机位都订不到，搞不好还要以较高价格才能买到。如果等到出发前才买票，当然有可能买到航空公司临时释放出的机位，有可能是之前预留给旅行社团体票或临时有人取消机位，所以会有空位出来，航空公司通常会以较低价格来促销，不然位子空了还是要起飞。但是这要靠点运气，等到最后还是有可能买不到票。如果出去玩并不一定要什么时候出发，买这种出清机票的确可以省下不少钱。

3.欧洲、美洲有许多国内线或短程机票相当便宜，从网络上可以先查数据。现在航空公司都直接开电子机票，只要凭订购机票的号码和本人

CHAPTER 3　白雪公主理财术　　Part.3 生活中的理财小点子

年度旅游规划中

自助旅行最吸引人的优点就是可以弹性规划任何想去的地点自由选择想吃的餐点

出发前的功课要花时间准备充定

诗诺怀特2008年是规划去芬兰玩！圣诞老人的家乡

工作好忙要去充电一下

机票真的变贵了……

人算不如天算啊
什么都涨
欧元也涨

30%超支！

机票

油价涨涨涨

不过有件事失算了……就是……

护照就可以办理登机,很方便。要注意的是,有些点的航空站离市区较远,所以在订购前,最好考虑一下机场到市区所需的时间跟交通问题。

下面列的这些网站都是知名的便宜机票网站,可以参考。

☑ www.easyjet.com

☑ www.ryanair.com/en/

☑ www.aireuroe.com

☑ www.lastminute.com

☑ www.myair.com

4.有些航空公司还会推出两人同行的优惠机票,通常自助旅游不论住宿或是交通,两人以上比较能省到钱。有些住宿费用几乎都减半,所以与其一个人独行,不如找个伴一起玩,在路上有个照应,安全又省钱。

5.常使用信用卡的人,可以用信用卡红利点数换免费机票。很多银行在推广信用卡或金融卡业务时都会以机票当抽奖奖品,多多参加说不定能中奖,或是能以刷卡的红利点数兑换航空公司里程数,也能兑换到免费机票。只是免费机票通常限制比较多,有些是限制时间,有些原定搭机日期、航班不得更改或退票,这些都是要注意的地方。

自助旅行是自己安排行程,所以可以自由安排,另一方面来说,因为所有事情都要自己来,在出发前要花的时间就会比跟团多一些。这就是时间成本了。

Part.3 生活中的理财小点子
规划省钱旅行，一点都不难
【自助旅行——铁路交通篇】

自助旅行中，最大的开销通常是交通费，在安排规划上也是最具有挑战性。到东南亚旅游还好，开销不会很大，到欧美或是日本等高消费国家旅行就不同了，交通最好在国内先安排好，估算一下费用。在欧洲和日本旅游最方便的交通工具应该就是火车或是汽车。外国人买 JR Pass 或 Eurail Pass，十分划算。长程旅游开车会比较累，搭乘火车还算舒适。

国外有些长程火车会提供卧铺，二等的卧铺价格便宜，跟一般平价

很方便喔

Rail

去欧洲或日本自助旅行可以搭乘火车移动

出发前多收集交通资讯喔

把交通工具搞定自助旅行就会安全又好玩喔！

旅馆一晚的价格差不了多少,不会超过新台币 1500 元。有一年,我去芬兰自助旅行,有一天的晚上安排了睡夜铺火车,这班火车有个别名,叫做"圣诞老人特快车",因为 Rovaniemi 有圣诞老人村这个景点的关系。我订购了十二小时车程的夜车票,从 Helsinki 晚间十点半左右出发,隔天十点多到 Rovaniemi。还蛮好睡的,一觉起来就到达目的地了,是省钱省时的好方法。需要顾虑的是,旅游旺季时,订夜铺有可能会和陌生人睡一间,要特别注意行李和重要的证件,以及自身安全。卧铺也能从台湾请旅行社代订,或是直接从该国的国铁网站在线订购。

从 Kuopio 这个芬兰中部城市回到 Helsinki,我选搭了 PENDILINO 号火车。这辆火车整个装潢令人感觉高级,而且从时刻表来看,停靠站很少。我跟朋友很开心坐到新车。查票时,我们拿出了 Eurail Pass,列车长看了之后,似乎有话想跟我们说。但是他不会说英文,所以找了其他乘客来翻译,这位乘客刚好有在美国留学过,当我们提到我们是台湾人时,他还说:"Oh! Taiwan...Formosa!"没错!福尔摩沙,美丽的岛。

他跟我们说,我们每人还要付 10 欧元。这时我们就疑惑了,有 Eurail Pass 为什么还要再付钱?乘务员说,每个位子都要付费,Eurail Pass 也是。原来这就是旅游书上写的"订位费",一般火车都不需再额外付费,但是有些特殊车种例外,搭乘必须加付订位费。我们太会挑了,挑到要额外付"订位费"的车种——PENDILINO 摇摆列车。每人多付 10 欧元!学到教训了,要上火车前可要多加留意车种。人都上车了,不付钱也不行。

所以说,Eurail Pass 必须在台湾先订购好,最简单的方法就是通过旅行社代买。Eurail Pass 提供优惠的价格给外国人跟未满三十岁的青年人,有些国家有推出两人同行的优惠票价或是家族旅游的团体票价,不过每年的规则跟优惠不同,在订购车票前可以先问清楚。

Part.3　生活中的理财小点子

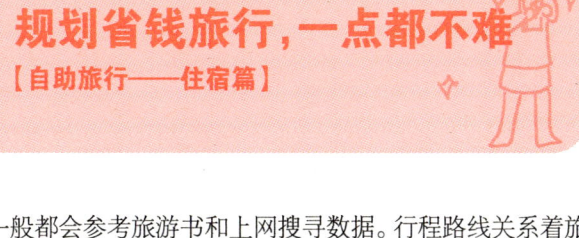

规划省钱旅行，一点都不难
【自助旅行——住宿篇】

　　规划行程一般都会参考旅游书和上网搜寻数据。行程路线关系着旅费及交通费的开销，去大城市的话，不论吃住及交通费用……所有的消费都会比小城镇高出许多。大城市热闹，小城镇别有风情，如果要省下多点旅费，还是多往小城镇去，而且说不定会带来惊喜。

　　如果有预算，知名饭店当然会是最好的选择。知名饭店大多位于市区最热闹的地方，交通方便、安全舒适，又赠送丰盛的早餐，价格大约是150～200欧元。如果想要省下住宿费用，就可以挑选经济实惠的民宿或是青年旅馆 Youth Hostel，像"背包客栈"网站上，都会有人发表文章将不

纽伦堡城堡 YH

从小窗看出去的景色很美喔

住YH就有厨房可以自己煮东西吃

超市也可以做好吃料理！

超市卖的德国猪脚

错的旅馆推荐给大家。

有些YH其实还蛮特别的,我去过印象比较深的,像德国纽伦堡的YH就位于市集附近山坡上,是由古堡改建的旅馆,住双人房一晚每人大约22欧元(附早餐),从小窗户看出去,整个纽伦堡街景映入眼帘,非常棒。

日本京都的YH,早上免费提供泡澡,也是相当特别的服务。去美国玩时,因为是开车旅游,所以就不用刻意寻找市中心的旅馆,郊区有许多连锁汽车旅馆都还蛮安全便宜的,像Holiday Inn、Days Inn都还不错,每间双人房一晚大约40～70美元。

住YH如果愿意跟陌生人同住一间,价格就更便宜了。但是省钱归省钱,怕睡得不安心或是因为生活习惯不太一样影响睡眠,还是要选择自己单独一间较好。ＹＨ通常有公用的厨房可以使用,若是去超市或市集买熟食或是食材自己回来料理,会比在餐厅用餐省钱许多。更有趣的是,能在ＹＨ厨房里见识到各国料理喔。

另外,住宿地点最好选交通方便的,例如,从市区步行可以很快到达的,或是有地铁站、路面电车等交通工具可以换乘的。不然,就算再便宜,会耗费很多时间跟体力往返旅馆,加上太偏僻不安全的住宿点,对旅行者来说,也是省了荷包却多了麻烦。

想预约 Youth Hostel,可以在网络上预订,只要告诉对方名字、check in 的日期、住宿几晚、想预约哪种类型的房间,有空房的话就能成功预约了。在台湾要先办理好 YH card,费用是一年 600 元。我建议如果有学生身份,顺便办理国际学生证(ISIC),在国外,YH card 和 ISIC 这两张卡很好用,住宿ＹＨ不仅有折扣,参观许多美术馆和博物馆也都有优惠价喔。

自制的总汇三明治就可以解决一餐

Part.3 生活中的理财小点子
规划省钱旅行，一点都不难
【自助旅行——消费篇】

出国前，大家都会先兑换好当地货币，这时，网络又是最好的选择了！如果有外币户头，并已开通网络银行的外汇功能，就能在网络上使用"外汇存款结汇"的功能，通过网络买卖外币，至少可以省下一百元以上的手续费用，汇率也比一般柜面来的好。然后再到银行去把外币提领出来，就万事 OK 了，相当方便。

除了现金，旅途中较常使用的付款工具就是信用卡，在国外刷卡，虽然有些信用卡会标榜红利加倍，但是币别转换会有汇差问题，也会被收取手续费用，回国后账单上会有"国际发卡组织约2%手续费"加上"发卡银行约1%～2%手续费"的款项，等于说，假如你用信用卡刷三万元，光是手续费就将近一千元！如果想省钱，还是以现金或旅行支票支付较划算。不过，信用卡还是要带在身上比较好啦，因为在国外它还有另一个功能，那就是可以当做识别身份的证件之一。

一趟旅游应该要花多少钱，取决于个人的旅游目的和平常的消费习惯，如果到鸟不生蛋的地方或是纯欣赏美景的地区，想买东西也没得买。打从一开始就要到国外血拼，或是看到商品有强烈物欲的人，也必定大包小包带回来。所以说，旅行能不能省钱，还是要看个人选择的是什么样的消费方式。其实旅游若是将"购买"当做目的，会比较可惜，听过很多人出国买得很痛快，回来收到账单都很心酸。

出国旅游不外乎多注意及准备食衣住行这些相关事项，行前先调查好价格，到了当地就不容易被坑钱，该花多少钱，心里也有个底，只要不乱花钱，就是省钱！

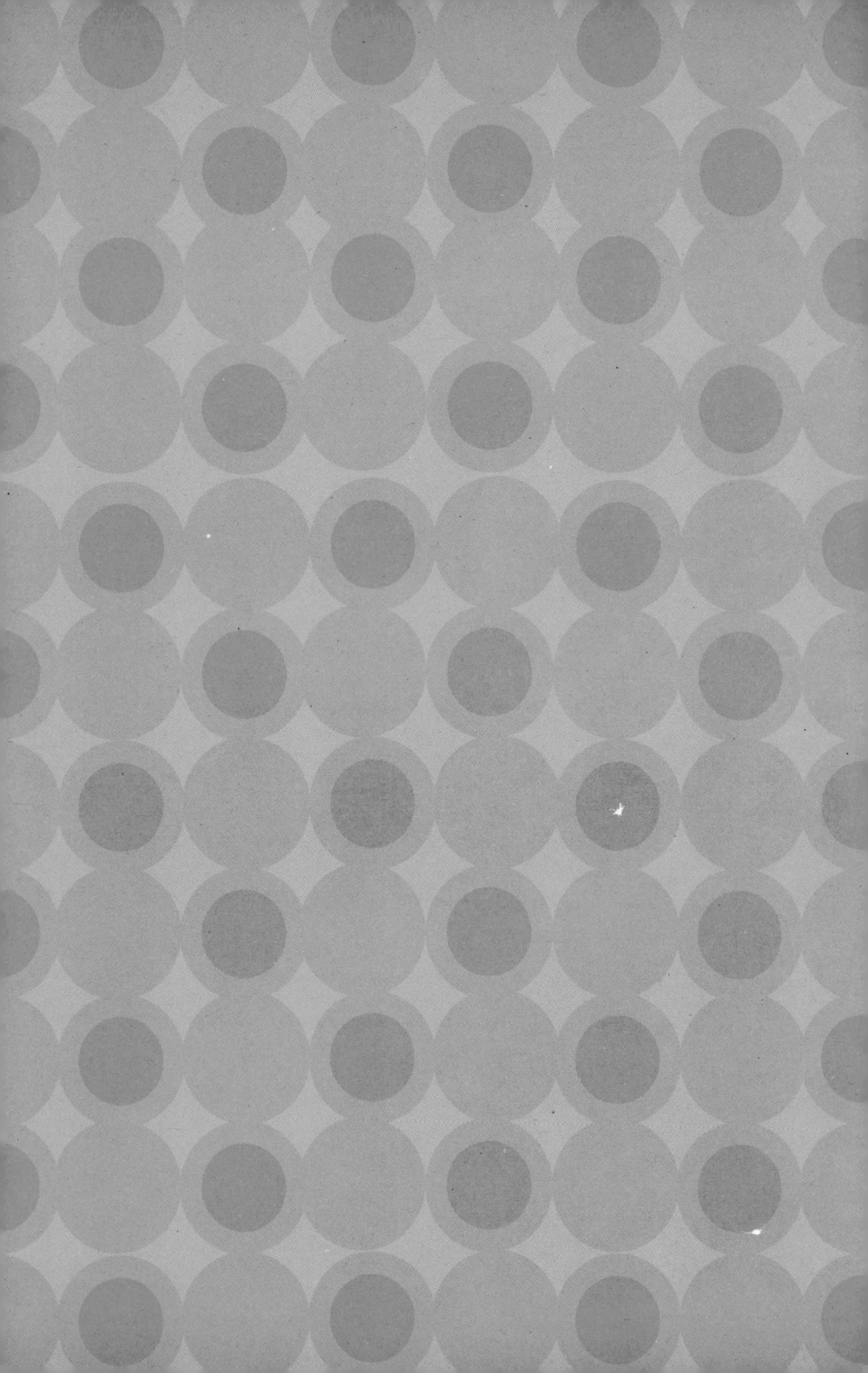

CHAPTER 4

白雪公主投资经

Part.1 投资的基本概念
你有多了解自己的投资组合?
股票是什么,你认识它吗?
你买的这些基金,究竟在投资什么?
基金的姐妹——什么是 REITs?
让人避之唯恐不及的连动债,究竟是在卖什么?
训练阅读投资信息的良好判断力
投资标的,先经过自己的思考再来筛选
负利率时代,钱要放在哪里?

Part.2 投资的心法
安德烈·科斯托兰尼永远不问为什么
"乌龟三原则"投资心法
巴菲特爱捡雪茄屁股赚大钱
彼得·林奇的苹果、甜甜圈与丝袜

Part.1 投资的基本概念
你有多了解自己的投资组合？

白雪公主投资经
SNOW WHITE

人生宛如一场金钱游戏，但是手上要有现金才能加入这场游戏，没有现金讲再多也只是空谈。我们没有办法预测未来，但是可以了解自己现在的状况。首先，整合思考一下自己现有的资产，列出个人资产的清单，若有负债，请列出实际债务，接着依照自己的状况拟定投资策略。依循这样的步骤，就会清楚自己的条件，你不需要知道你隔壁邻居朋友或兄弟姐妹有没有钱，但要很了解自己有多少钱。

接着，我们手上的钱该如何组合及分配呢？有一些项目可以作为参考：

1.先存一笔生活预备金

如果出现意外急需用钱，或是突然失去工作时，也能有足够的现金缓冲，能够正常维持生活开销一阵子，包括支付饮食费、房租费、保险费、贷款等。金额以目前的生活费的6～12倍之间较为恰当。

2.平常就应固定规划一笔费用当退休金

虽然法律上规定雇主应将薪水的6%存入劳工个人的劳保账户，作为劳退基金。但是这样的金额还是不足以应付一个人老后的生活开销，再加上等到65岁才能提领，到那时通货膨胀的程度谁都无法预测。小时候买一碗牛肉面50元，十年后要120元才吃得到呢！尤其在这个时代还是建议不要奢望能养儿防老，我们一定要自己补强这个部分，例如开一个账户专作自己的退休账户,钱只进不出,一领薪马上就自动扣款转账进去,时间久了不知不觉就能存下退休金。

3.规划投资的项目

光是存钱是无法赚钱的,把资产放在正确的地方,追求高报酬,才能以钱赚钱。

只要是投资都会有风险,问题只在于自己是否能承担,能够承担的程度范围是多少?如果有一个投资的机会,有30%的获利空间,10%的机会打平,但是也同时有60%的机会可能会全军覆没,那是不是愿意承担风险买进呢?通常别人只会告诉你有百分之几的投资报酬率,不会主动告诉投资人亏损的几率是多少,实际上有可能亏损的几率是高于获利的几率,所以在投资之前要注意这点,就是别人没有告诉你的部分。在不影响自己正常的生活水平前提下,多的资金去进行风险高一点的投资是无妨,若是连生活开支都还有问题,那还是建议暂缓,先备有生活预备资金之后,再去规划投资。

Part.1 投资的基本概念
股票是什么，你认识它吗？

股票，是一般民众除本业之外，可以选择的投资工具之一。当你看好某家公司的前景或是认为现在公司获利良好，可以透过购买这家公司的股票来当股东，即使没有真正参与这家公司的实际工作，也能分享公司的获利。或是当自己购入的股票奇货可居，人们纷纷也想抢购时，能以好的价格交易出去，与买入价格之间得正差价，也是获利。

在证券公司开的户头叫证券存折（SECURITIES PASSBOOK），里面会记载你所买进的股票名称，买进或卖出等摘要，存入及提出的数额、余额等项目，证券存折里的单位不是元，而是股数。买卖股票通常是以100股为一个单位，我们常听到别人说"买一张股票"、"卖一张股票"，从集保存折的记录来看，其实就是以"100股"为单位，至于"零股"，就是不满"100股"的股数啰。

股市中的"主流类股"就好比流行歌坛中的"流行教主"，人气旺就会登上主流，受到大家的关注与推崇。随着新人辈出，流行歌坛也会跟着改朝换代，又会有新的流行教主出现。股市中的主流类股也同样是风水轮流转，前几年是热到不行的电子类股当道，而到了这两年全球粮价及油价急速上涨，传统产业类股和能源类股受到更多人的关注。观察时代的脉动，选股跟着时间转换的律动来调整，才有机会抢得先机。

听起来好像靠交易股票赚钱很容易，人们当然很难抗拒"轻易获得财富"的诱惑，不过，若人们都只爱投机买卖股票套利，没人想脚踏实地从事生产，那可是会变成虚幻的泡沫。有句话说得很贴切："所有的数据都是出自于人性。"的确如此，股市虽然乍看之下是一些数字跟符号，却可以从中看到很多人性面，或许在股市打滚一辈子都不会了解股市，但是经验会让你更了解自己，了解到什么样的思考逻辑和判断是对的、什么样的判断是错的。只要能好好控管风险，这会是一场学无止境、很好玩又有机会从中获利的成人游戏。

Part.1 投资的基本概念

你买的这些基金，究竟在投资什么？

在选购基金时，很多人应该会感到疑惑，觉得怎么每个名称都好像？"××动力基金"、"××金砖首选基金"、"××中小基金"，一眼看去好像只有前面品牌的公司名称不一样，雷同性很高，感觉上如果没有仔细研究一下基金内容，还真有点难分辨，搞不好很容易买错。

像前几年"金砖四国"、"东协"直到"环保"和"原物料"的话题很热门，也是基金的热门投资标的。

就拿金砖四国(BRIC)中的印度基金来看好了，提到投资印度基金，究竟是投资印度的什么呢？是矿产吗？还是农业？还是科技公司？基金究竟投资的是股票还是债券？这些问题都要先了解清楚，因为基金名称和基金实际投资标的，未必有绝对的关联性。

曾听金融界的朋友说，台湾投资人很爱买印度基金。"为什么投资人对印度基金会情有独钟？"是因为很多人对印度产业的未来真的很有信心？还是理财专家跟老师们觉得这个金融产品很好推销？刚开始我很疑惑，看久了慢慢就找到一些线索。

这几年"金砖四国"的话题很热门，也是基金的热门投资标的，台湾可以申购到很多不同基金公司发行的印度基金（单一国家型基金）。当时几乎没有看过以俄罗斯、巴西、中国为主要投资标的的单一国家型基金，对吧？

原来当时是因为法令限制或是没有管道引进投资巴西、俄罗斯、中国的基金,所以市场上只能买到印度基金,很多人都是因为"金砖四国"响亮的名气与话题而购买印度基金,并不是经过审慎筛选这些投资新兴国家的基金,而从中选择了印度基金。像我也真的曾在书店听到两个上班族的对话,其中一个向另一个女孩子推荐买某只基金,理由是:"这个基金现在很红耶!你没听过金砖四国吗?很多人都买了!"可是,很多人买并不代表这真的是好的投资标的啊!

过去,在网络这块产业刚发展时,很多公司都纷纷改名,只要任何沾上"www"、"com"、"因特网"或"电子商务"的名称,就像镀了金的招牌,纷纷吸引众多投资人的目光。

举例来说,那种情况就像即使是卖传统包子馒头的公司,只要跟上

潮流，将"面食公司"改名叫做"数字餐饮生技电子商务公司"，同时配合看好前景的喊话，公司市值就能凭空涨好几倍，即使大家完全搞不懂"数字餐饮生技电子商务公司"在卖什么，还是一窝蜂地跟着买。直到2000年网络泡沫才让投资人梦醒心碎，其实很多标的光有空虚的外壳，实际上根本都没有投资的价值。所以，名称与内涵还是有所分别的，可别一开始就被名称迷惑了。

香料是精髓
饼皮也好香

因为印度咖喱太好吃了吧！
赞赞赞赞……

为什么台湾人那么喜欢印度基金

Part.1 投资的基本概念
基金的姐妹——
什么是REITs？

最近REITs（不动产投资信托基金）越来越受到投资人的青睐，基于台湾人对于不动产的偏好与爱好配息商品等情结，REITs应该有很大的机会成为继基金之后的流行商品。不过，定期定额投资REITs的门坎比基金高一点，通常都是新台币一万元起价。

REITs常见的经营标的包括集合住宅、购物中心、办公大楼、饭店和量贩卖场等，对开发商而言，REITs是不错的筹资管道，以公开透明的方式向大众募集资金，顺便将投资风险分散出去，大家一起投资，投资对了，可以分点红利；投资失误，投资人可以帮开发商承担亏损。

若投资人无大笔现金购买大型商业不动产，可通过购买REITs发行的证券来成为"房东"之一。也就是（乐观地）说，经由入股REITs，以小额资金就可以参与商业不动产投资收益的分享，而且优良的不动产会有增值潜力。

REITs是以集资的方式来进行多样的不动产投资，所以标的不会仅有一栋建筑物，就像一只基金不会把所有的资金全部投在同一个市场，而会以不同的比例投资到不同的市场，REITs也是有同样的特性，可以投资不同国家及不同类别的不动产，以免投资过于集中，一个出错就全垮。

REITs的风险也和基金一样，投资基金并不是由投资人直接经手股票、货币或债券的买卖,而是委托专业经理人操盘。REITs 投资人也没有直接参与不动产交易买卖,而是将交易买卖权及经营权让渡给 REITs 经营业者,经理人的交易及管理能力,是很重要的关键。

而且 REITs 发行的证券是在集中市场挂牌买卖,所以会受到证券市场大盘涨跌影响,像前阵子美股"跌跌不休",全球股市的表现就很容易受到影响,虽然跟不动产没有很直接的关系,但是 REITs 的股价多少会受大盘影响。

一般投资客较难以大笔现金在短期之内从事真正不动产的套利行为,因为买卖房屋会顾及很多法规,林林总总要办不少手续,时间会拉长。但是我想,投机客如果盯上某只股,想要在短期内炒高股价或是放空股票,应该比实际不动产买卖容易得多。优点有时候也正是它的缺点……至于,如果不动产真有损毁怎么办?一般房屋应该都会有保险啦,不会真的怕房子倒。但是因为放在 REITs 的资金不在中央存保的保障范围内,所以如果 REITs 经营业者倒了,倒有可能真的血本无归呀。

①

REITs
= Real Estate Investment Trusts
= 不动产投资信托

最近常听到这个英文简称

② 将不动产所有权切割成小单位发行证券

跟基金很像 汇集资金去投资不动产

③ 介于两者之间……

以少数的资金就可以坐收大型不动产的租金收益

④ 还是会想东想西

那如果地震房子倒掉了呢

想太多

Part.1　投资的基本概念
让人避之唯恐不及的连动债,究竟是在卖什么?

跟福袋很类似的金融产品,就是连动债。在台湾买到的连动债,是外国的投资银行将股票、卖买选择权、期货、债券等金融商品包装好后,再请台湾的银行代理发行,算是年轻的金融商品,一般在卖的都是十年期为主。可惜还撑不到十年,遇上了这次百年难得一见的金融风暴,美元贬值得很凶,又有次级房贷的影响,大部分在账面上都呈现亏损,不少人因为恐惧而纷纷解约。没有及时解约的人,也很多都是惨赔。

据金管会表示,2008年银行端共卖了约9600亿元的连动债,其中6800亿元保本九成,但有2800亿元的连动债,保本率在九成以下或是根本不保本。很多人看到"保本连动债"的"保本",就以为稳赚不赔。其实所有的投资都是有风险的,我个人觉得应该就把它当做"福袋"的"福"字,或是"乐透彩券"的"乐透",是个漂亮的形容词啦。买了"乐透彩券"没乐透的大有人在,同理,买了"保本连动债"没保本的也很多。

买新计算机时,大家都应该会去了解有什么配备,有哪些软硬件,才会考虑买。不过大部分投资人买连动债的状况就不一样了,真的就像买福袋,别人搭配包装好的都照单全收。

要了解连动债的第一步就是对汇率(都以外国货币为单位)和复利要有概念,毕竟这些金融商品都是有着比较复杂的设计,是由专业的金融专家去计算跟包装的。

一般来说，比较复杂迂回的金融商品，层层下来，手续费的油水通常也比较多，所以银行也乐于推出这类金融衍生商品。现在各家银行都很低调地在处理连动债亏损所引发的问题，不敢再提"连动债"三个字。

民众也在金融海啸的影响之下，害怕投资失利而纷纷赎回基金，将连动债解约，把钱转入定存。银行看准这个风潮而改推出像"双元定存"的金融商品，但"双元定存"并不是我们一般认为的"定存"，而是零息债券加上选择权的组合，也是属于连动债的一种啊，只是名称换了。银行果然很会灵机应变。

终于，最近金管会要银行停卖连动债了，因为"央行"已宣布废止了银行销售连动债的法源依据，在金管会还没拟定出管理办法之前，银行必须暂停销售连动债。其实我还是觉得投资应该像生活一样，不需要搞得太复杂啦，单纯一点比较好。

请问你们这是什么活动啊

在排百货公司的福袋呀！

请问一下喔

听说有好东西喔

②

哇！听起来不错呢！我也要来排

要排很久才会轮到

我也是听别人说才来排队的

喜欢凑热闹

③

结果……

都抽到用不太到的东西耶

空虚～

小玩具

奇怪的抵用券

怪家电

④

Part.1 投资的基本概念
训练阅读投资信息的良好判断力

我们常会看见"投资红酒"或是"红酒基金"的新闻,初次看到报道觉得还蛮有趣的,赚有钱人的钱似乎是不错的选择。平均投资报酬率5%～10%,"若买2000年或2003年的精致法国波尔多红酒,有些获利已超过50%,比投资黄金更有赚头。"喜欢喝红酒的人很多,并不受景气影响。

在外国,投资红酒及其相关事业已行之有年,不仅是基金,包括权期货、全球两大甩卖会:苏富比(Sotheby's)和佳士得(Christie's)更专设葡萄酒部门。

你有没有注意到,这些报道似乎没有提到可能会遇到的风险是什么。全球暖化会造成红酒产量减少,物以稀为贵,看起来似乎稳赚不赔。要小心的是,"稳赚不赔"这个词是"诈骗集团"最爱使用的口号。投资,就怕是人家都布好局了,自己最后才进去。还是不免提醒自己,那些看起来有意思的东西,目的有可能只是希望有人购买,而不是拥有它。

我曾在网络上看到一篇文章,2005年法国葡萄酒价格惨跌,酒商跟农民纷纷走上街头跟政府求援,主因是"供过于求";2002年也发生过全球葡萄产量过剩的情况,库存越来越多,多余的酒只好蒸馏成工业用酒精。当然这有可能只是偶发事件,也有可能是趋势。

这些平常都可以看到的新闻,只要深入去探索,就会发现许多表面上看不见的关联和问题,同一件事,因为角度的不同,往往看法也会很不一样。随着挖掘问题的过程,自然就会学到很多投资理财的相关知识。

一开始不懂没有关系,没有人生来就什么都懂的,所以不需要害怕,也千万不要还没开始就拒绝接受理财或投资相关的信息,这就像财富前来敲门,当然要敞开大门迎接。面对投资,就像面对人生,广度与深度都要顾及,才会精彩丰富,这些方面都要靠自己用心地挖掘才会有成果,能持续不断学习与激励自己成长的人,会是最后的赢家。

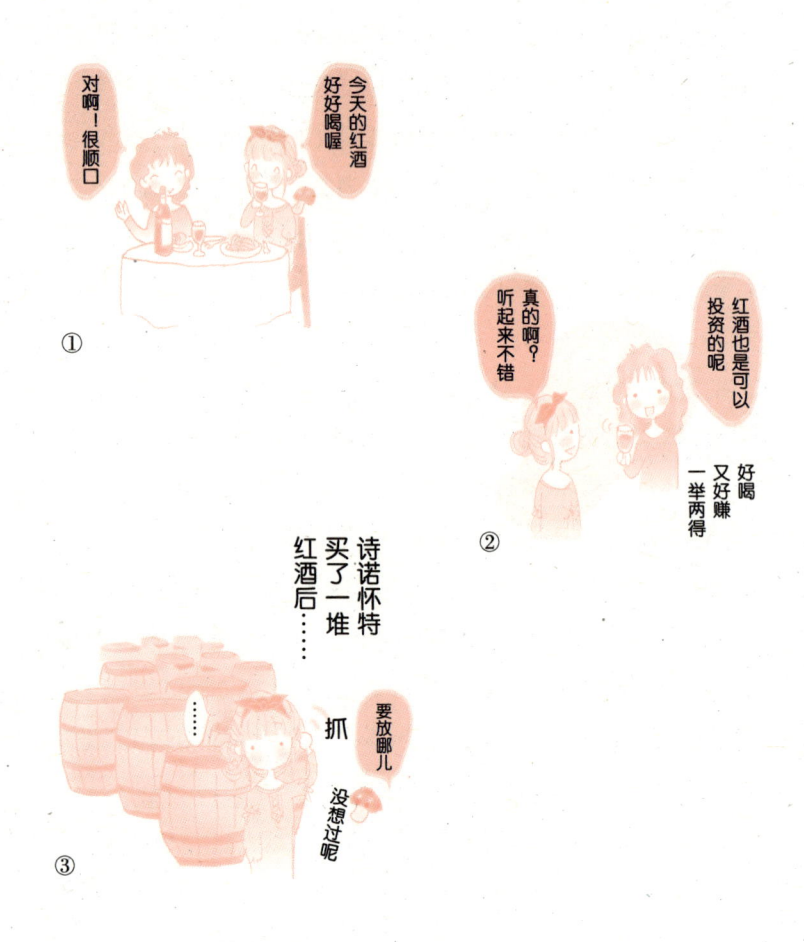

Part.1 投资的基本概念
投资标的,先经过
自己的思考再来筛选

2005年冬天上映的电影《纳尼亚传奇》,故事中四个小孩被父母送到乡下躲避战争,最小的妹妹在老房子玩躲猫猫时发现一个神奇的大衣橱。这个魔衣橱通往神奇的纳尼亚王国,王国内的动物、精灵等都会说话,纳尼亚因为女巫的统治,陷入永远都是没有圣诞节的冰天雪地,四个小孩遇见了狮子亚斯兰,与他共同对抗女巫,破除寒冬的魔咒。

剧情中,当哥哥和姐姐非常坚定地说"在逻辑上,衣柜里不可能有纳尼亚"时,看来是老学究的教授,说出了让我颇有感触的话,大概是这样:"天啊,现在的学校究竟教了你们什么?她常常说谎吗?她不是你们的亲人吗?那么,在逻辑上,你们应该要相信她!"这不是什么惊奇的高深道理,也不打算把它当做文字游戏来看,只是会想到,成长过程中所学习到的现成逻辑,的确会让我们误以为一切都是理所当然。

有一段时间,我曾帮证券公司整理图表、报告书及分析资料的色彩规划,协助系统化这些数据的视觉元素,自己花了些时间试着了解很不熟悉的试算软件和一些经营分析的图表。不同的企划与数据,搭配不同的图表,有条形图、散布图、分区图、折线图、饼图、雷达图等。经营者或出资的人,或许就是根据这些图表数据来判断。

整理到最后,自己有一个小小的体会。那就是,身为一个投资人,问题或许根本不在够不够聪明去看懂这些数字及技术分析的数据,在那之前，是不是该去警觉，一种样式已牵引出一种判断？这些数据资料表现出一个理性有逻辑的样子，最后做出一个看似理性并精准的结论。这不是很令人感到疑惑吗？

如果依据这些图表的逻辑来做经营事业的决策，能引导出最正确的判断，那这世界上为什么还会有人做生意或投资失败？所以我会觉得，其实这类的分析似乎重点不在于结论，而是"表现出来的样子"，也就是，数据表现出来的是最理性而纯净的模样。但判断终究是"人"的问题，"人"的问题不会等同于"数字或统计"的问题，所有能造成影响盈亏的因素太多了，数据无法完全呈现。

图表或数据可以显示一些既成事实，可以当做参考，随时提醒自己台面下看不到的部分，不轻易陷入图表与数据报告的现成逻辑，我觉得这才是使用技术分析的正确态度。

① 诗诺怀特想买股票

要买哪只股票才赚钱

老师

②
金牛座应该搭配跟土木有关的股……
嗯嗯
像营建或笔画多的就适合你买
x-file

③
好……马上去
快去买！
就是这样

④
买的全跌了……
要做功课啦
还是别乱听乱买

Part.1 投资的基本概念
负利率时代，钱要放在哪里？

近来常常看到理财相关书籍杂志提到"不要再把钱存在银行里"，专家总是建议民众应该把钱拿去投资。尤其像这一年来物价上涨幅度大增，食物、生活用品、衣服等民生用品，价格不是调高就是分量变少，一般工薪阶级如果薪水调升的速度没有跟上物价上涨的速度，就会感觉到购买力下降，也就是相同的钱，能买的东西变少了。目前银行的活期利率是1%~2%，若是物价上涨的幅度超过2%，那钱真的就是会"越存越少了"。

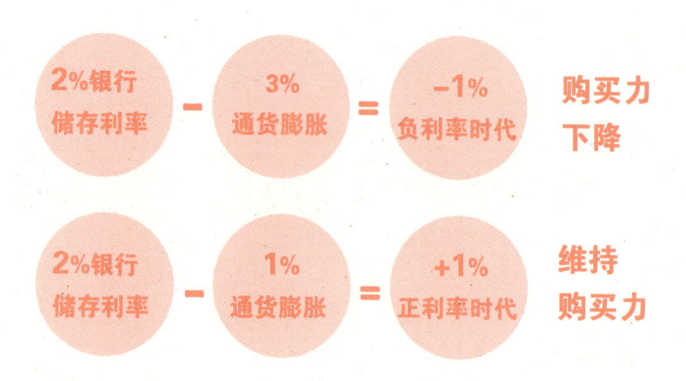

2%银行储存利率 − 3%通货膨胀 = −1%负利率时代　购买力下降

2%银行储存利率 − 1%通货膨胀 = +1%正利率时代　维持购买力

所以，一般你会听到的理财建议是"不要再把钱存在银行里"，要把钱改投资在报酬率 7%～20%的投资工具上，就能高枕无忧抗通胀。不过，像这样的说法，其实是偏乐观的看法。

举例来说，投资一只股票的投资报酬率有可能 7%～20%，甚至更高，但是，公司倒闭的可能性说不定也高达 50%～70%。在这样的情况下，到底我们该不该投资呢？毕竟在投资期间尚未卖出股票结清之前，什么事都可能发生啊，公司有可能产品线机器出问题啊、体制不够好啊，或是全球股市发生股灾，牵连到台股……这些负面因素都会导致投资亏损，投入的资金血本无归也不无可能。

所以，在将辛苦赚来的钱从银行提出来拿去投资之前，一定要先想到投资的风险，认清"任何的投资，一定有风险"，剩下的问题，就是在于"自己能承受的程度"而已。评估过后，即使投资的钱全军覆没也不会影

诗诺怀特在看新闻

定存利率 2%
通货膨胀 3%
但是若投资
股票报酬率
可高达 20%

嗯嗯

响到自己正常的生活,那才放手去投资。投资有获利是好事,没有获利也可以得到经验,下回可以修正投资策略。做任何事情之时也可以遵循一样的道理,我们要有最美好的愿景,也要有最坏的打算,通盘都考虑过,才不会在意外发生时手足无措,随时都能好好处理自己的情绪。

有心理学家研究过,人对于"失去"的痛苦印象会远超过"得到"东西的印象,所以说,赔钱时候心里感受到的反应,会比赚钱时反应来的大,其实钱放在银行里也是一种投资,只是风险相对较小,报酬率低。如果自己没办法承受损失,会担忧到吃不下睡不着,就别坚持要做风险大的投资,钱还是安稳地存入银行定存比较心安。

银行定期利率 2% →
100,000 × 1.02=102,000 元
投资股市报酬率 20% →
100,000 × 1.2=120,000 元
投资股市的获利比定存多 18,000 元?

①

投资股票去

②

一个月后

亏损 20%
投资股市报酬率 -20% →
100,000 × 0.8=80,000 元
还以为投资股市一定会比定存赚

③

Part.2 投资的心法
安德烈·科斯托兰尼
永远不问为什么

科斯托兰尼（Andre Kostolany，1906～1999）的著作是我刚接触投资时，最喜欢阅读的书籍之一，往后在投资理财时，也常回想他提到的观念。

有句犹太谚语这样说的："人的个性可以从三个地方看出来：他用的杯子、他的钱包，以及他的怒气。"在这句话中，杯子象征一个人的品味与选择；钱包象征一个人使用钱的格局、生存在这个社会中所在的位置；怒气则是象征人的修养与品格。

科斯托兰尼让我见识到的就是他怎么去看待他的"钱包"。让我印象最深的投资观念有三点：

1.要自己思考

"不要指望任何建议。"每次演讲他都这样开场，建立并坚持自己的主见，是每个投资人最重要也是具挑战的课题。

我刚开始在认识基金与股票时，也曾经犹豫过，到底钱该交给专家去投资呢？还是自己去投资股市？我后来选择后者，因为我认同科斯托兰尼的说法，自己要学习思考、要有想法，亲自买卖股票是最直接的方法。

基金是交给经理人去操盘，所以没办法亲自买卖标的，很容易变成每个月固定缴钱，就等着赚钱，当然也可能等着赔钱。所以呢，我是不买基金的，除非以后资产太多，可以买基金当做资产配置的一部分，分散风险。

2.不要想把赔掉的再赚回来

基本上,科斯托兰尼之所以会这样说,主要在强调投资要意识到"沉默成本"这个心理因素。因为这是人性,在某些事物上投注越多时间成本、金钱成本,就会觉得这些事物越重要,越想要有所回报。但是科斯托兰尼的想法是,付出去的就要当做是付诸流水,只要亏损到达自己的底限就该断然收手,不要想再继续投资或想扳回。

人常常都会基于保卫自尊心,很难承认自己的错误,心理因素影响到理性判断,会觉得不甘心是因为投入的时间心力和金钱都没办法回收,但不代表这个投资标的值得继续投资。

这个道理套用在恋爱上还蛮好用的,你越让对方花越多时间和金钱在自己身上,对方会越觉得你重要,人会不自觉考虑到过去"已经"投入了的成本,而越陷越深。不过,投资股票别让钱混着感情越陷越深,不论如何都要坚守自己定下的停损原则。

①

3.面对股市,永远不问为什么

为什么不要问"为什么"呢?知道为什么的人,早已经默默地赚了一大笔钱去度假,因为再多分析与答案都是事后诸葛。

对科斯托兰尼来说,投机是种艺术,透过他的种种投资哲学,让我也看到了他面对人生的态度,思考独立、经济独立、享受生活……这些也是很棒的学习目标!

Part.2 投资的心法
"乌龟三原则"
投资心法

我们大家都听过龟兔赛跑的寓言故事,兔子对动物们夸耀它的速度:"我从来没有失败过。"然后刻意去找乌龟比赛,而且完全不把乌龟放在眼里,在比赛中场还很放心地睡了午觉。而乌龟自知自己的速度比不上兔子快,虽然也很想休息,但是仍旧踏实地走向终点,最终赢得了这场比赛。

1931年,34岁的是川银藏先生(Ginzo Korekawa)拿着妻子给他的70日元第一次投资股票,第一次投资就得到了百倍利润。到了1982年,是川银藏已经成为日本股市的名作手,当年个人所得还名列日本第一。以这样的成绩来看,是川银藏看起来似乎是天赋异禀的兔子先生,累积财富的速度超越常人,选股与买卖时机等判断都很精准。不过,是川银藏却谦虚地认为自己比较像那只努力不懈的乌龟,他所得到的一切,都是一步一脚印努力挣来的,投资时慢慢观察,审慎交易。

是川银藏以自己投资的经验为例,提出了有名的"乌龟三原则"投资心法:

一、找出未来大有前途,却尚未被世人察觉的潜力股,默默吃货,然后长期持有。

二、每日盯牢经济与股市行情的变动,自己下工夫研究。

三、不可太过乐观,股市不会永远涨个不停,而且投资要以自有资金操作。

乌龟走得虽慢,但是稳扎稳打,谨慎小心,赢得最后的胜利;而兔子则败在过度自信与乐观,什么都没放在眼里。

如果以是川银藏的乌龟之眼来看严重的金融海啸,他会怎么想?

是川银藏曾经说过:"经济不会永远繁荣,也不会永远衰退。"这是资本主义经济的本质。资本主义的经济有一定韵律,像海浪般,有波峰也有波谷,金融大风暴也只是经济变动的一个波。换个角度来看,危机也是个转机,努力搜集情报,趁波谷低价买进标的,然后耐心等待下个波峰,乌龟终究会等到收获的那个时刻。

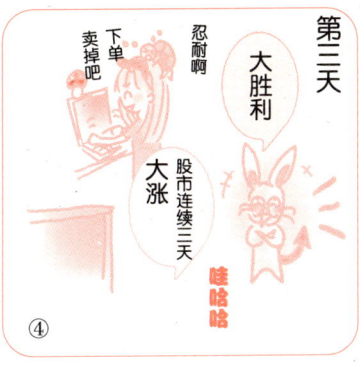

Part.2 投资的心法

巴菲特
爱捡雪茄屁股赚大钱

根据 2008 年 9 月 18 日美国福布斯杂志排行榜,排名第二的富豪沃伦·巴菲特(第一名是比尔·盖茨),受到美国次级房贷风暴影响,损失了 20 亿美元,但财产总值仍有 500 亿美元。巴菲特拥有庞大的财富,却以生活简朴著称。他目前仍居住在奥马哈中部的老房子内,开着普通的房车,然后,偶尔在散步的时候,会从人行道上捡起刚被路人丢弃的雪茄屁股……深深抽上几口。

捡"雪茄屁股"(cigar butt)是巴菲特的老师兼后来的老板——葛拉汉所传授的选股方法。有些被遗弃的便宜股票,就像路边被丢弃的雪茄屁股,乏人问津。葛拉汉找出这些被弃置的雪茄屁股,点起火,吸上"最后一口",吸取那最后的价值。葛拉汉重视的是这些便宜股票的清算价格,只要低于清算价格就可以买。而且为了分散风险,葛拉汉同时"分散投资",购买许多不同类型的股票,每种股票都买不多。

巴菲特有着不一样的想法,虽然他也是用相同的筛选方式来挑价格低廉的股票,不过,在仔细过滤之后,他会从这些雪茄屁股中再精挑细选,然后投资他认为胜算最大的标的。他比葛拉汉更重视股票的内在价值,好让未来可不断产生利润,也就是说,一样是捡来的雪茄,巴菲特不会只抽一口,他可会抽上好一阵子。

此外,巴菲特也不是靠着"分散投资"致富的,他主要的财富其实来自对少数几家公司的集中投资。往往他会集中火力大量买进这些精选股票,并且长期持有,像是可口可乐公司、美国运通公司、强生公司等都是,光可口可乐公司持股市值就约为120亿美元。

巴菲特却认为一般投资人不需要选股票,应该去投资指数基金就可以了。在曾经写给股东的公开信中这样说:"低成本的指数基金,对于大多数希望持股的人来说,是最理想的选择。"

嗯?为什么巴菲特言行不一?难道他想独占雪茄屁股,不让别人捡?虽然巴菲特自己操作的和推荐投资人的方法不一致,但换个角度来想,巴菲特的确是名副其实的"投资行家",他很清楚像自己这样的大户对持股公司及股市方面的控制权与影响力,也很清楚一般散户搜集、判断信息的能力与口袋深度,散户总是容易处于弱势。会这么说,也不无道理呢。

①

突然……
啊！地上有烟蒂……
捡起来丢吗 真环保呢

②

拿起来吸
好脏啊
咦？
退后

③

这可是我的独门秘技
No.No.No.
Ni-Bu-Dong!
不会脏
是喔

④

Part.2 投资的心法

彼得·林奇的苹果、甜甜圈与丝袜

有一年,我到台中玩,发现中港路的民营客运总站旁边,新开了一家自行车旗舰店,令人惊艳,这是一家老字号的自行车品牌,没想到开始有了耳目一新的品牌形象。这家公司设点的店面越来越多,同年,油价与股价都连番飙涨,民众看油价节节高涨,纷纷跑去买可同时健身又省油钱的单车,商品热卖到缺货。我心想,如果那时候就买进这家上市公司的股票,一年下来,投资报酬率早就高达50%以上呢!

像这样从自己所从事的产业或是家里附近的购物商圈及市场,挑选到表现优异的公司股票,就是彼得·林奇的投资秘诀之一。

彼得·林奇在1977年至1990年间,管理富达麦哲伦基金十三年,资产规模从1800万美元飙升到140亿美元,成为当时全球最大的股票基金,是位叱咤风云的基金经理人。**他认为"在投资中,所谓的专家(smart money,聪明钱)不见得就那么聪明,而散户(dumb money,愚笨钱)也不见得就像一般人认为那么一无是处;事实上,散户往往是因为跟在专家屁股后头,才会变得如此一无是处"。**

苹果计算机,他家小孩有一台,办公室同事也买过好几台;甜甜圈连锁店街上到处都有,他喜欢那里的咖啡。他买了这些畅销商品,也同时买进这些公司的股票,为彼得·林奇管理的基金带来很大的获利。

还有个很好的例子,就是他投资了太太喜爱穿的丝袜。彼得·林奇在接掌富达麦哲伦基金前,仍是公司的证券分析师,当时的他到全美各地拜访纺织厂,计算它们的获利率、本益比等。他研究了半天也没发现"蕾格丝"这个品牌,而彼得·林奇的太太上杂货店就找到了这家优秀的公司。尽管不是专业分析师,彼得·林奇的太太也知道"蕾格丝"丝袜的质量比较好,因为她买一双来穿穿看就很清楚,而且在超市或杂货店到处都买得到。

所以,当你看到邻近区域什么商店或连锁店生意好,或是觉得哪样生活用品很好用、质量很好,千万别低估自己的直觉,花点时间去研究一下这家公司,说不定这就是个投资的好标的喔!

① 和朋友去聚餐
??
看到食物……
就会想到投资农产品的事

② 节节高涨
各国的粮价有上涨的趋势喔

③ 原来常吃的东西也有商机
哇喔

④ 突然觉得遍地是黄金。我也该来多留意
对啊!好机会就在身边喔

CHAPTER 5

白雪公主财富守则

富裕还是负债的人生?
有借有还,再借不难
规划资产来保障自主自尊的人生
现实不代表无情,不要把金钱跟感情混为一谈
买保单之余,手边别忘了留些现金
"恐惧"与"贪心"是财富的杀手
请优先投资自己
如何赚进第一桶金?

富裕还是负债的人生？

十七世纪的荷兰东印度公司,是世界上第一个股份公司。大约在同时期,荷兰便建立了世界上最早的一个证券交易所,即阿姆斯特丹证券交易所,使股票交易有了安全公开的交易平台。从那个时候到现在,世界变化相当大,股票、期货、基金、连动债、债券等金融商品和金融衍生工具一个个发展起来,资金突破了一道道的国界,在全世界流动着。

这些现金随时在我们身边流着,问题就在我们要懂得怎么将金钱流向导向自己。

资产与负债是可以相互转换的,有些你认为的资产,搞半天是你的负债。简单来说,"资产"就是会把钱放在自己口袋的东西,"负债"就是会把钱从口袋里拿出去的东西。例如与其负担过重的房贷,还不如先将钱拿去投资,通过投资,金钱的流动能让资产再增值,等到有足够的资产,再去买你想要的东西。如果想成为有钱人,只要在这辈子不断通过投资增加资产,减少负债就可以了。

从这样的观点可以知道,将存款全数不动都放在身边,现金呈现停滞的状态,会阻碍现金流并错失资产增值的机会。

我们无非是希望能有更多的钱来帮助我们解决生活上的问题,但是,要从哪里开始又是令人头痛的选择。就像之前提过的,现在可以投资的金融商品和金融衍生工具多如繁星,一般人却很难了解它们的内容及结构。

刚开始接触投资理财，可能不知从何下手，其实只要从每个小习惯开始去做，每天读一点点理财相关的资料或新闻，每天省下一点点钱，每天花一点点时间记账，每天投资自己一点点，这些"一点点"经过长时间累积起来，就形成很大的力量。

有借有还，再借不难

在比较早期的台湾农村中，通常都是用"跟会"的方式存钱。简单来说，就是由一群互相熟识、彼此信任的人组成，由一个人当"会头"，其他人当"会脚"，会脚们按月缴纳会钱给会长，大家凑齐一笔较大的金额，若会员需要用钱的时候，可以标下这笔款项来使用。毕竟一个人要存到一大笔钱会比较慢，集合大家的力量就快多了，也很方便。但是这种储蓄的方式是基于这群人之间的"信任"才能成立，如果会长一收钱就卷款逃走，就是俗称的"倒会"。

现在敢起会的人越来越少，就算有，也很少人敢跟会，因为不重视信用的人越来越多了，倒会或是借钱不还的情况很常见，在都市中已经很少听到用跟会在存钱的了。随着生活形态的改变，人们渐渐改向银行或地下钱庄借钱。

出社会之后，我曾经想过要出国留学，也常考虑买房子，这些规划都

①以前不错的朋友突然出现开口借钱
嗯，好吧
下个月发薪水就还你
拜托拜托
借我一万
不借好像不够意思

②一个月过去
今天差不多要还钱了吧
打电话问问看

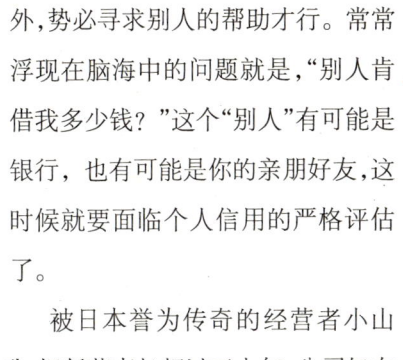

需要一大笔款项，除了自有的储蓄之外，势必寻求别人的帮助才行。常常浮现在脑海中的问题就是，"别人肯借我多少钱？"这个"别人"有可能是银行，也有可能是你的亲朋好友，这时候就要面临个人信用的严格评估了。

被日本誉为传奇的经营者小山升，担任董事长超过三十年，公司仅有三次亏损。他曾经为了要买好地段的房子当做公司的营业地点，要向银行借几亿元的房贷。而这个老板身上只有五十万日元的现金存款。只有五十万日元的存款居然能贷到几亿日元的房屋贷款，真的是太厉害了！靠的是什么呢？就是让银行"相信"这个人有还款的能力。他除了平常个人与公司的信用都良好，也很会书写营运计划书，再加上他对银行锲而不舍地沟通与保证，银行终于肯借他几亿元，顺利地让公司搬到这个好地段来营业。因为是大都市好地段的房屋，房价上涨的话，脱手还能大赚一笔。不论是借钱给老板的银行，或是老板自己本身，双方都很开心。

我心里就想，如果我想向银行借到几百万，应该没有问题，可是如果要借贷上千万元，要凭"什么"呢？可见得，要借钱也是要有一身让别人信服的好本事呢，而最基本的，就是平常与金融机构的信用往来要做好。银行在意的不是个人及公司赚多少钱，更重视的是有没有按时还款，这是最基本的信用。向银行或亲友借钱，真的是有借有还，再借不难喔。

规划资产来保障
自主自尊的人生

这些例子或许也发生在你的周遭。我有个亲戚八十几岁了,在养老院已经待了快十年。身子越来越瘦,整个人肤色变得比较白皙,因为没有晒太阳的关系吧。

"我在这里,生不如死!"每年他都这样说。不论换做什么人,也会想早点死吧。脑袋很清楚,可是四肢却越来越不受控制,每天只能在床上等吃饭,其他什么都没有。

"不要这样想,每个人都会老啊,我们以后也会……"我安慰着他。稍微掀开被子,闻到一股刺鼻的恶臭味,这就是接近死亡的气味吧!有一天,或许我们身上也会发出这个味道。摸摸他的腿,因为肌肉退化而软到像水袋的小腿肚。他的双腿被绑在床上,不能动弹。隔壁床的人,连双手都被绑死了。我在想,他不能走其实不完全是因为脚伤或是老化,而是因为害怕他受伤所以限制他行动这个行为害的。连自己行走的自由都被剥夺了。如果他年轻的时候能想多一点,多为自己的未来规划,今天就不会是这种结果。

我的外婆,在昏迷之前,还是精神很好,干干净净的。她很聪明,知道再怎么样,也不能让别人,即使是自己的子女,夺去尊严。她从年轻就守寡,含着眼泪将子女拉扯长大,努力工作努力存钱以及置产。到了老年,即使子女不在身旁协助,医疗及看护费用也能独立负担起来。

你，会选择哪种生活呢？通常年轻时候规划的理财计划，往往偏向短期的理财目标，内容大多为消费或置产。如果把眼光放远，会发现身边最需要现金的时期，是年老时候。身体的状况已经不容许你再与年轻人竞争，手边如果没有积蓄，就得完全依赖别人，拿人手短、吃人嘴软，容易失去自尊。所以在年轻时就应该保有一些资产，在未来年老失去工作能力时，还能好好自主过日子，这会是规划理财相当重要的目标之一。

现实不代表无情，不要把金钱跟感情混为一谈

前阵子网上流传着一则"公主病"的真实小故事，女孩子们虽然可爱活泼，外形出众，但是一出门就摆明要让男孩子请吃大餐，一点餐就是点最贵的，谈话间也是口不择言，让有心想追求的男孩子为之气结与失望。

另外，也常常听到男女恋爱时，因为金钱纠葛而有许多后续处理不完的麻烦。在追求的过程及热恋时什么都不在乎，像是借贷没有字据，或是挂某方的名下一起付房贷或买车，请对方帮忙背书或贷款等。如果后来情侣分手，账却分不清，就容易有纠纷。

我有一个亲人，生活简约，人也很善良，婚后为了帮他先生周转，硬生生在一年之间背了将近百万的卡债，也向亲戚朋友借了不少钱，她的父母看不过去只好帮忙还一些，连退休金都差点赔上。就只因为一个人错误的理财观与消费习惯，牵连好几个家庭，令人非常震惊。这也是我为什么强调，女孩子一定要学习聪明理财，而且千万不要把金钱跟感情的事混为一谈的原因。

我还赞成夫妻在结婚登记时要办理财产分开，在婚前就要把婚后共同生活的费用分担谈清楚，有个共识。一方面这也是分散风险的好方法，夫妻如果有一方有债务上的问题，至少另一方财务上不会直接牵连到，避免一人倒全家倒的情况发生。

如果来借钱或是要求贷款背书的对方，一味用爱情、友情或亲情来威胁,建议还是找个不会伤对方自尊的理由婉拒,这样大家还可以保留这份感情。一旦钱借出去了,一般来说就别想要回来了,不然自己跟对方也会因此而心存芥蒂,两败俱伤。

我们对人有情有义,不过对钱的态度一定要实际,好好看清现实状况,爱一个人(不论他是你心爱的小孩、情人或是丈夫),绝对不是直接给他钱,这样他永远不会懂得什么叫做理财,不会懂得怎么去用钱。先找出问题,是用钱观念有偏差?或是处理的方式不好?搞清楚究竟是哪个环节出了差错,帮助对方一起来处理这个现实问题。

买保单之余，手边别忘了留些现金

即使风险如此难以捉摸，人们还是想控制风险，基于对未来的不安全感来做一些预先准备，希望能把遇到风险时造成的损失减到最小，所以才会有"保险"这个行业的出现。保险其实就是一种分散风险，人们以互助、团结的方式，平常就缴钱给保险公司，由保险公司来管理。

保险产品真的很多，一般家庭保的险林林总总加起来，年底要缴的保费也不少。2007年底，无上限医疗保险传出消息将要停卖时，造成了抢购热潮，大概是"无上限"这个词太吸引人了吧。不过说实在，等到医疗费用能给付到"无上限"的程度，应该是已经病入膏肓了。

"手边还是要有些现金为先"这件事其实相当重要。的确，没有人能保证未来会发生什么事。不过，真的有意外时，重要的不是有没有保险，而是要有现金救急。保险较着重于事后，而且给付有不少门坎，那些密密麻麻的条款与限制，即使是专业人士也未必能解读得很正确。

自己负担的话：

想要好的医疗质量→**给现金**

保险负担的话：

想要好的医疗质量→保险→**给现金**

追根究底，原来还是现金问题啊！

寿险的话，其实是给身后人的保障，自己是用不到的。所以有家庭的人，还是要保寿险给家人和小孩较好，以免意外发生时，家庭突遭经济上的困境。医疗险、癌症险之类的，就要看个人需求了。这跟人生观应该也很有关系，如果生命走到尽头了，将大笔钱用在"治疗"上，是否真能减轻苦痛？或者，还有其他选择，例如：好好调整心态来面对"死亡"跟"意外"这些事。即使即将离开人世，住在安宁病房也大多是要自费的，虽然健保或少数保险有补助，但是某些药物或费用还是要自己有所准备。保险是不是能真的换得到安宁，的确值得每个人好好思考。

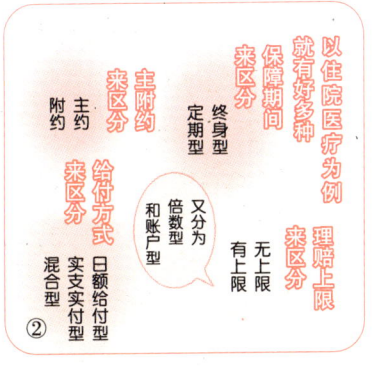

① 年底将近，很多人在缴保险费了。好像大家多少都有保险呢。是不是该买些保险呢

② 以住院医疗为例就有好多种
保障期间来区分：终身型、定期型、理赔上限来区分：有上限、无上限
主附约来区分：主约、附约
给付方式来区分：日额给付型、实支实付型、混合型 又分为倍数型和账户型

③ which one? 好多喔
生存保险 水火险 伤害保险 生死合险 失能保险 投资型保单 癌症险 看护险 结婚险 健康保险

④ 诗诺怀特喜欢简单的方式，还是先存些紧急备用金吧。手边有现金比较方便

"恐惧"与"贪心"是财富的杀手

相信大家几乎都有接到过诈骗集团的电话，他们有可能冒充检察官、拍卖网站服务人员、电视购物服务人员、电信局等公职人员或是购物平台的角色来与自己对谈，其他还有中奖通知或是假绑票之类，个人资料的取得也难不倒他们。

之前看到一篇报道指出"台湾的诈骗手法花招百出，输出全球，非常有名。连日本电视台都来访问我们政府相关单位的经验谈，如何防范诈骗集团"。原来除了 NB（笔记本电脑）产业，诈骗集团也是台湾闻名国际

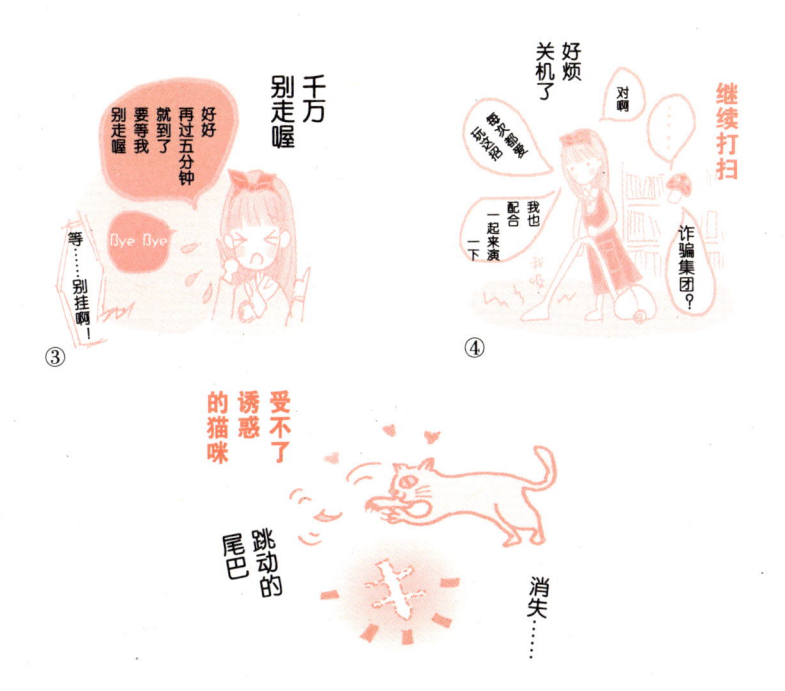

的特产之一。

  其实让人更迷惑的是,新闻每天都在报道诈骗集团的手法,但是每天仍旧有人会受害,诈骗集团真是太厉害了。

  接到不明的讯息时,"查证"是很重要的步骤,小心有心人利用人性的弱点"恐惧"与"贪欲"来占据自己的思绪。人因为"恐惧"容易下错误的判断;因为"贪欲"而失去原则,总想着自己有一天会有飞来横财之运,或是认为天下有白吃的午餐。

  看到很多人都毁在"贪"这个人性的弱点上,原本就是过惯好日子的人,也因为"贪求更多"而走偏,不能好好珍惜现有的,最后沦为一无所有。套用村上春树的文字,"从壁虎身体截断后跳动的尾巴,猫咪是绝对难以抗拒的",其实壁虎早就溜之大吉,根本不在了。壁虎尾巴就像虚张声势的利益,活跳跳地让人无法抗拒,陶醉其中。但是真实部分早就消失了。

请优先投资自己

日本学者大前研一曾做过详细的情报研究，提出对日本当前经济结构的看法。他认为，日本贫富差距越来越大，中产阶级有渐渐消失的倾向，从图表的形状看来，日本社会的经济结构就像一个M，所以称为M形社会。台湾也渐渐有这样的趋势。

有许多研究与实证告诉我们一个事实，凡是依循商业资本主义的国家及社会，财富分配上有贫者越贫、富者越富的趋势。社会资源也总是较容易往有钱人流去，贫穷的人能给予下一代的教育条件与生活环境都很难与富裕家庭比较，甚至没钱缴学费让子女受教育的家庭也很多，容易产生恶性循环，造成贫富家庭的差距越来越大，变成M形社会。

要在M形社会中往上爬而不向下沉沦，最优先的投资，其实就是充实自己、投资自己。把书念好，拼学历，比较容易进入薪水及福利优的一流公司；若不喜欢念书，喜欢做生意，好好加强业务能力或专业能力，也是有机会创业成功的。像王永庆、郭台铭这些大老板都是事业非常成功的例子，他们的学历也不算高，可是在自己专业的领域中，都是第一把交椅。

这两年，我自己共参加了四个课程，花不到五千元就上了价值两万元左右的课程，真是物超所值。例如，因为我喜欢旅行，借着参加观光导游的课程来了解这个行业，非常有趣。不过，最后我了解到这个行业和自己想象中有落差,所以说,参加不同的职训课程,也能趁机探索自己的兴趣,以及可能发展的方向。

上课不但能学习新知识、技能,培养第二专长,还能认识各行各业的人及老师,拓展人际关系,优点实在很多。诗诺怀特强力推荐!赶快去选喜欢的课来上吧。

如何赚进第一桶金？

白雪公主
财富守则
SNOW WHITE

1976 年的某一天，孟加拉国经济学家尤努斯和同事看到妇女苏菲亚熟练地在用竹片编凳子。苏菲亚年纪约 21 岁，有 3 个小孩，都靠她编竹凳过日子。但是她没有钱买竹片，每编一根凳子必须借 5 塔卡孟加拉国币买材料。编好的凳子，要依约定以价钱 5.5 塔卡卖给借她钱的人。

苏菲亚辛苦一整天编的一根凳子只赚 0.5 塔卡，换算成新台币大约是 6.6 角，不但很难填饱一家老小的肚子，以后小孩的教育费用更是个大问题。尤努斯调查了一下，这个小村子里有 42 位类似苏菲亚遭遇的穷人，这些人总共借了 856 塔卡，换算成美元还不到 27 美元。这 27 美元，就把 42 个家庭困在贫穷的牢笼里，受到高利贷剥削难以翻身。尤努斯惊讶之余，也借给这 42 个人总共 856 塔卡。后来这 42 个人都还了钱，并告诉尤努斯，他们的经济状况已经大幅改善。

这段经历成为尤努斯创办葛拉敏银行帮助穷人的动机。葛拉敏银行以"微型贷款"帮助孟加拉国许多社会底层的穷人摆脱贫穷，因此，尤努斯在 2006 年获诺贝尔和平奖。一个孟加拉国小村就因为只欠 27 美元，而脱离不了高利贷的压榨，或许听起来不可思议，可是这是许多人的真实写照。这段经历也告诉我们，**拥有第一桶金，也就是拥有自己可以运用的资本，有多么重要啊。**

所谓第一桶金，并不是一定要上百万上千万的资金，只要足够让自己能独立运用及分配的资金,都可以成为滚出更多财富的种子,是财富的垫脚石。

要存到第一桶金,其实有很简单的模式可以遵循,只要你的支出不超过收入,就会有"盈余"可以用来储蓄及投资等,时间一长,累积的"盈余"就会越来越接近目标。我现在已经拥有了足够几年生活的预备金,这也并不是瞬间凭空而来,而是每天一点一滴扎实地工作赚钱、用心学习投资,然后存下来的,就像王永庆先生所说的:"赚一块钱不是真的赚,存一块钱才是真的赚。"

① 常在理财书上看到的数字
- 利率
- 手续费
- %

② 第1名 单一市场 一本万利
喜欢的数字简单有力

③ 搞不懂复杂的数字
喔……天啊
好多图标

④ 还是将简单的算式掌握好
好好牢记在心里面

收入 − 储蓄 = 支出(Good)
消费 > 支出 = 负债(NO!!)
开源节流 + 投资理财 =
第一桶金
VERY GOOD!!

后记

学理财,真是一种乐趣

以上,就是我顺利存到人生第一桶金的故事。我会继续努力,也希望你能跟我一样,成功存到一百万,甚至更多。

我们常会想好好学理财和投资,却不知从何入门。其实,我最后要提醒大家的是:最好也是最有效的方法,就是先"了解自己",不论是记账、评估风险、规划理财目标等方法及步骤,都要以此为出发点。了解自己,才知道自己想要的是什么。如果自己想要什么都不知道,就容易做出错误的决定。

根据统计,全台工薪族群年薪约55万元以下,都已经沦为中低收入阶层了。这金额,包括了加班收入、年终奖金。如果扣掉奖金、加班费,经常性的月薪金额,在37000元以下就算是低薪族群。

我之所以引述这些平均数字,是要让你对自己在社会上所处的位置有些概念,如果你是被归类在中低收入的那个族群,就要警觉,除了增强自己的专业能力,好好学习投资理财也是必要的基本条件。

不论是才起步要学习投资理财,或是想要理债的人,我希望你在看完这本书后,对投资理财的概念应该都比以前更清楚。接下来,就是靠自己的耐心执行,存一块钱就是一块钱,花一块钱跟花十万块钱也要一样谨慎。

理财,对诗诺怀特来说,已经深入生活。我每天都会把学习相关知识与累积财富,当做生活的乐趣之一。我相信,只要下定决心好好实践白雪公主理财术,要当一个具备理财素养、有自信有自尊的上班族,然后脚踏实地好好学习投资理财,让理财变成一种习惯,存到第一桶金的时间,自然就不远了,祝你好运!